파인먼이 들려주는 불확정성 원리 이야기

파인먼이 들려주는 불확정성 원리 이야기

초　판　1쇄 발행일 | 2005년 2월 3일
개정판　1쇄 발행일 | 2010년 9월 1일
개정판 15쇄 발행일 | 2021년 5월 28일

지은이 | 정완상
펴낸이 | 정은영
펴낸곳 | (주)자음과모음

출판등록 | 2001년 11월 28일 제2001-000259호
주　　소 | 04047 서울시 마포구 양화로6길 49
전　　화 | 편집부 (02)324-2347, 경영지원부 (02)325-6047
팩　　스 | 편집부 (02)324-2348, 경영지원부 (02)2648-1311
e-mail | jamoteen@jamobook.com

ISBN 978-89-544-2003-7 (44400)

파인먼이 들려주는

불확정성 원리 이야기

| 정완상 지음 |

(주)자음과모음

파인먼을 꿈꾸는 청소년들을 위한 '불확정성 원리' 과학 혁명

하이젠베르크나 보어, 플랑크와 같은 천재 과학자들이 이룩한 양자 역학의 탄생은 20세기를 크게 흔든 혁명적인 사건이었습니다. 아주 작은 원자 세계의 신비를 푸는 데 결정적인 역할을 한 양자 역학에 깔려 있는 가장 중요한 원리는, 물체의 위치와 속도를 동시에 정확하게 관측할 수 없다고 하는 불확정성 원리입니다.

뉴턴의 물리학을 뒤엎는 이 원리를 이용하여 반도체와 레이저 같은 첨단의 발명품들이 세상에 나오게 되었습니다. 불확정성 원리는 하이젠베르크에 의해 발표되었지만, 20세기 후반 가장 위대한 물리학자로 일컬어지는 파인먼이 더욱 멋

지게 표현했습니다. 그래서 파인먼의 강의를 택하게 되었습니다.

저는 KAIST에서 양자 역학을 심도 있게 공부하였습니다. 불확정성 원리에 대한 연구와 그동안 대학에서 강의했던 내용을 토대로 이 책을 썼습니다.

이 책은 파인먼 교수가 한국에 와서 우리 청소년들에게 9일간의 수업을 통해 불확정성 원리를 느낄 수 있도록 강의하는 방식으로 설정되어 있습니다. 파인먼 교수는 청소년들에게 질문을 하며 간단한 일상 속 실험을 통해 불확정성 원리를 가르칩니다.

이 책을 읽은 청소년들이 쉽게 불확정성 원리를 이해하여, 한국에서도 언젠가는 파인먼과 같은 훌륭한 물리학자가 나오길 간절히 바랍니다.

끝으로 이 책을 출간할 수 있도록 배려해 준 강병철 사장님과 편집부의 모든 식구들에게 감사의 뜻을 표합니다.

정 완 상

차례

부록

첫 번째 수업 1

전자란 무엇일까요?

모든 사물은 원자로 이루어져 있습니다.
원자 속에 (-)전기를 띤 전자는 어떻게 발견했을까요?

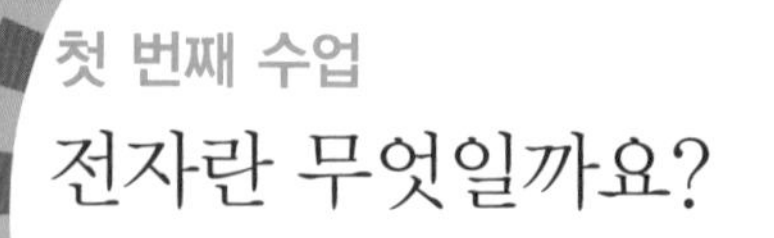

첫 번째 수업

전자란 무엇일까요?

교과 연계

초등 과학 5-2	6. 전기 회로 꾸미기
중등 과학 1	9. 정전기
중등 과학 2	7. 전기
중등 과학 3	6. 전류의 작용
고등 물리 I	3. 전기와 자기
고등 물리 II	3. 원자와 원자핵

파인먼이 전자에 대한 이야기로 첫 번째 수업을 시작했다.

오늘은 전자에 대한 이야기를 해 보겠습니다.

먼저 전자가 살고 있는 집인 원자에 대해 알아봅시다. 모든 사물은 원자로 이루어져 있습니다. 산소는 산소 원자로, 철은 철 원자로 이루어져 있지요. 원자의 종류는 100가지 이상이고 모양 또한 서로 다릅니다.

서로 다른 원자는 그 크기나 질량이 다르다.

사물은 1종류의 원자로만 이루어져 있을까요? 순수한 금

처럼 금 원자만으로 이루어진 물질도 있지만, 물처럼 산소 원자와 수소 원자로 이루어진 물질도 있습니다. 또한 사람의 몸처럼 수소, 산소, 탄소, 질소 등과 같이 여러 종류의 원자들로 이루어져 있기도 합니다.

원자는 어떤 모습일까요? 원자는 공 모양으로 생겼습니다. 그렇지만 우리는 원자 속을 볼 수 없습니다. 원자가 너무 작기 때문이지요.

이렇게 작은 원자 중에서도 가장 작고 가벼운 원자는 바로 수소 원자입니다.

가장 작은 원자는 수소 원자로 지름이 10^{-10}m이다.

여기서 10^{-10}은 뭘까요? 이것을 알려면 10의 거듭제곱에 대해 알아야 합니다.

먼저 10^2은 10을 2번 곱한 수입니다.

$$10^2 = 10 \times 10 = 100$$

마찬가지로 10^3은 10을 3번 곱한 수입니다.

$$10^3 = 10 \times 10 \times 10 = 1,000$$

수학자들은 이렇게 거듭제곱 기호를 써서 0이 많이 붙어 있는 큰 수를 간단하게 쓰기로 약속했습니다.

10^{-10}은 10을 −10번 곱한 수일까요? 그렇지 않습니다. −10번을 곱할 수는 없으니까요. 수학자들은 다음과 같이 새로운 약속을 하였습니다.

예를 들어, $\frac{1}{100}$을 봅시다. $100 = 10^2$이니까 $\frac{1}{100} = \frac{1}{10^2}$이라고 쓸 수 있습니다. 이때 $\frac{1}{10^2}$을 다음과 같이 씁니다.

$$0.01 = \frac{1}{100} = 10^{-2}$$

$1000 = 10^3$이니까 $\frac{1}{10^3}$은 다음과 같이 되지요.

$$0.001 = \frac{1}{1,000} = 10^{-3}$$

이런 식으로, 1보다 작은 소수들을 간단하게 나타낼 수 있습니다. 그러므로 수소 원자의 지름을 소수로 나타내면 다음과 같습니다.

수소 원자의 지름은 0.0000000001m이다.

수소 원자의 지름은 1m를 100억으로 나눈 것의 한 도막과 같은 길이입니다. 엄청 작지요?

전자를 찾았어요

원자 속에 어떤 것들이 살고 있는지 알아봅시다.

파인먼은 유리관을 가지고 왔다. 유리관의 양 끝에는 전선이 달려 있는 두 금속판이 있고, 전선은 아주 커다란 전지와 연결되어 있으며 그 사이에 스위치가 있다.

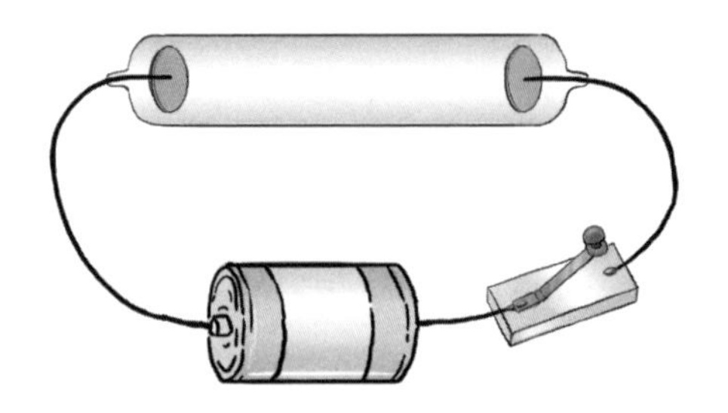

펌프를 사용하여 공기를 빼 주었기 때문에 이 유리관 속에는 공기가 없습니다. 여기 보이는 전지는 보통의 건전지와는 비교도 안 될 정도로 높은 전압을 발생시킵니다. 아주 위험한 전지이지요.

이제 스위치를 닫아 보겠습니다. 어떤 일이 벌어질까요?

파인먼이 스위치를 닫자마자 전지의 (-)극과 연결된 금속판에서 (+)극과 연결된 금속판을 향해 나아가는 엷은 연두색의 광선이 보였다. 학생들은 신기한 듯 유리관을 들여다보았다.

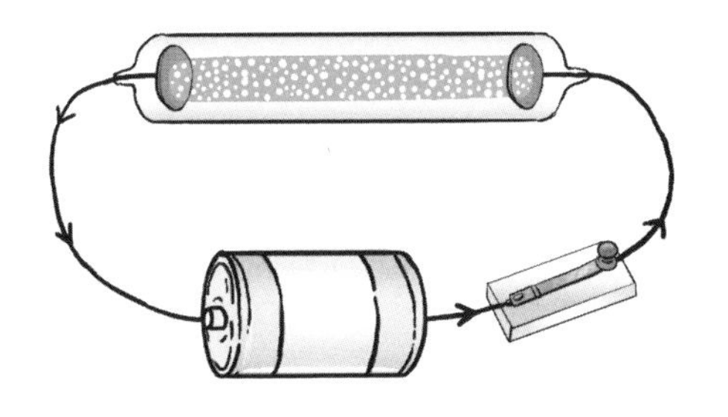

지금 보고 있는 연두색의 광선은 (-)극과 연결된 금속판에서 튀어나온 아주 작은 알갱이들의 흐름입니다. 하지만 눈으로는 알갱이들의 움직임이 보이지 않고 대신 연속적으로 광선이 나오는 것 같지요? 그 이유는 알갱이들이 너무 작고 이들 사이의 간격이 좁아 우리 눈에는 연속적으로 보이는 것입니다.

물총을 쏘면 물줄기가 생기지요? 그것도 연속적인 흐름이 아니라 물을 이루는 알갱이(물 분자)들이 움직이는 것입니다. 물 분자들 사이의 간격이 너무 좁아 연속적인 것처럼 보일 뿐이지요. 간격이 너무 좁으면 연속적인 것으로 보이는 예는 이외에도 많습니다.

파인먼은 귀여운 소녀가 그려진 그림을 학생들에게 보여 주었다.

소녀의 머리와 옷은 모두 검은색이지만 밝기가 달라 보이지요? 왜 그런지 한번 살펴볼까요? 돋보기로 들여다보면 두 검은색이 서로 다르게 보이는 이유를 알 수 있습니다.

학생들은 파인먼이 건네준 돋보기로 소녀의 옷을 들여다보았다. 온통 검은색으로 빽빽하게 칠해진 것처럼 보였던 부분이 듬성듬성한 정사각형들의 모임으로 보였다.

이제 우리가 본 연두색 광선도 빛처럼 연속적인 것이 아니라 아주 작은 알갱이들의 흐름이라는 것을 이해하겠지요? 이 알갱이들이 어떤 전기를 띠고 있는지를 알아봅시다.

전기는 서로 반대 부호의 전기를 좋아하는 성질이 있어요. 그러니까 (+)전기와 (−)전기는 서로를 당기고, (+)전기와 (+)전기 또는 (−)전기와 (−)전기끼리는 서로를 밀어냅니다.

파인먼은 유리관의 위아래에 2개의 금속판을 놓고, 두 금속판을 전지와 연결하였다.

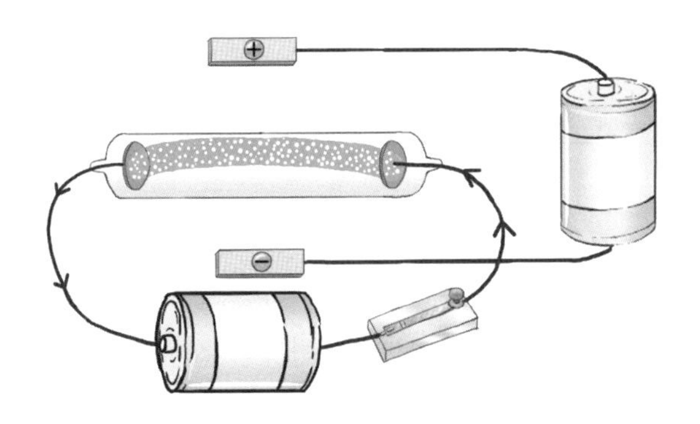

위쪽 판은 전지의 (+)극과 연결되어 있으니까 (+)전기를 띠고, 아래쪽 판은 전지의 (−)극과 연결되어 있으니까 (−)전기를 띠고 있습니다. 광선이 위쪽으로 휘었죠? 그러니까 이 광선을 이루는 알갱이들은 (−)전기를 띠고 있습니다. 이것이

바로 (-)전기를 띤 가장 작은 알갱이인 전자입니다. 금속판은 원자들로 이루어져 있으므로 전자들은 금속의 원자로부터 나온 것입니다.

원자 속에는 (-)전기를 띤 전자가 있다.

물리학자들은 여러 가지 실험을 통해 전자의 질량을 알아냈습니다.

전자 1개의 질량은 10^{-30}kg이다.

정말 가볍지요? 전자들이 도선을 따라 움직이는 것이 바로 전류입니다.

그런데 이상하군요. 전자들은 (-)극으로부터 나왔지요? 우리가 알고 있는 바에 의하면 전류는 전지의 (+)극에서 (-)극으로 흘러야 하는 것 아닌가요? 그러나 실제로 전지의 (+)극에서 (-)극으로 움직이는 것은 아무것도 없답니다. 전자가 전지의 (-)극에서 나와 도선을 따라 움직이다가 (+)극으로 움직이는 것이 전류이지요.

왜 이런 일이 생겼을까요?

전기를 띤 알갱이들이 흐른다는 사실을 처음 알아낸 것은 1700년대 중반입니다. 이때 전류의 방향을 (+)전기를 띤 알갱이들의 흐름이라고 사람들은 생각했습니다. 그리고 이 약속에 따라 전기 장치를 만들어 사용했습니다. 그런데 1897년에 (−)전기를 띤 전자가 있다는 사실이 처음 밝혀진 거예요. 그러나 그때 와서 모든 것을 바꾸기에는 이미 늦었지요. 그래서 전류는 이전에 사용하던 대로 전지의 (+)극에서 (−)극으로 흐른다고 하게 된 것입니다.

과학자의 비밀노트

전자(electron)

전하를 띠고 있는 기본 입자이다. 영국의 물리학자 톰슨(Joseph John Thomson, 1856~1940)이 1897년에 발견하였다. 원자 내부에서 양성자와 중성자로 구성된 원자핵 주위에 분포한다. 음의 전하(음전기)를 띠고 있다. 원자의 최외각에 있는 전자를 '원자가 전자'라고 하고, 원자핵의 구속을 이기고 자유롭게 다닌 전자를 '자유 전자'라고 한다.

만화로 본문 읽기

생님, 빛은 연속적으로 이
어진 것인가요?
아니에요. 빛은 아주 작은 알갱이들의 흐름이에요.

하지만 아무리 봐도 알갱이로 안 보여요.
당연하죠. 빛을 이루는 알갱이는 너무 작아 보이지 않아요. 수소 원자의 크기는 약 0.0000000001m로, 이것은 1m를 100억으로 나눈 것과 같아요.

우아!
이렇게 빛을 이루는 알갱이들은 너무 작고 이들 사이의 간격이 좁아 우리 눈에는 연속적인 것처럼 보이는 거랍니다. 자, 그럼 간단한 실험을 통해 원자 속 전자의 모습도 관찰해 볼까요?

다음과 같이 진공 상태의 유리관 양쪽에 금속판을 두고 높은 전압을 내는 전지와 연결하면 연두색의 광선이 나오게 됩니다. 이 광선은 앞에서 설명한 대로 연속적인 것이 아니라 아주 작은 알갱이들의 흐름이에요. 그럼, 이 알갱이들이 어떤 전기를 띠는지도 살펴볼까요?

)전기와 (−)전기같이 반대의 전기 서로 잡아당기고, (+), (+)나 (−),)전기와 같이 같은 부호의 전기는 로 밀어내지요.
자석하고 비슷하네요.

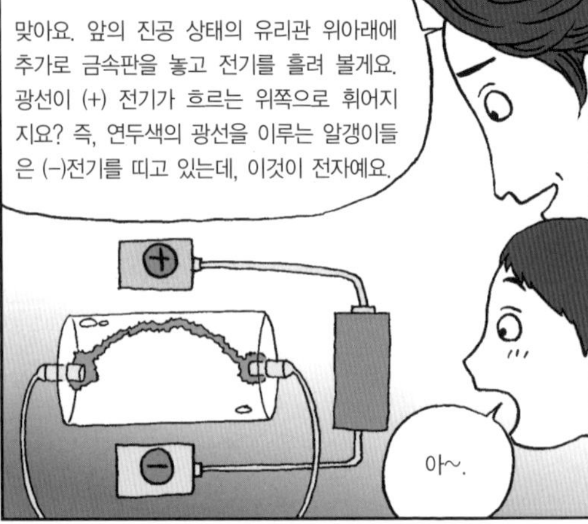

맞아요. 앞의 진공 상태의 유리관 위아래에 추가로 금속판을 놓고 전기를 흘려 볼게요. 광선이 (+) 전기가 흐르는 위쪽으로 휘어지지요? 즉, 연두색의 광선을 이루는 알갱이들은 (−)전기를 띠고 있는데, 이것이 전자예요.
아~.

두 번째 수업 2

광자란 무엇일까요?

빛을 이루고 있는 알갱이가 광자입니다.
빨간빛과 보랏빛은 같은 광자들로 이루어져 있을까요?

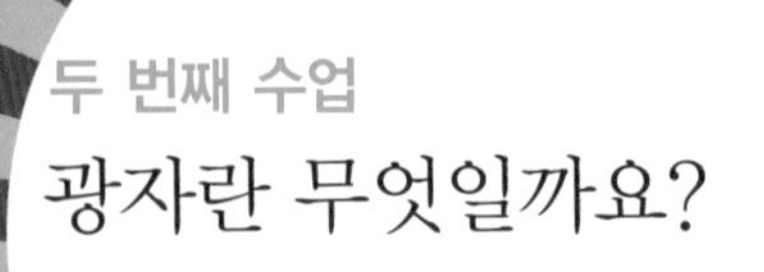

두 번째 수업

광자란 무엇일까요?

교과 연계.

초등 과학 3-2	2. 빛의 나아감
중등 과학 2	7. 전기
고등 물리 I	4. 파동과 입자
고등 물리 II	3. 원자와 원자핵

파인먼의 두 번째 수업은 야외에서 진행되었다.

마침 비가 갠 후라 하늘에는 아름다운 일곱 색깔 무지개가 펼쳐져 있었다. 파인먼은 잠시 무지개를 쳐다보았다. 학생들도 무지개를 쳐다보았다.

오늘은 우리의 두 번째 주인공인 빛에 대해 애기를 하겠습니다. 빛은 여러 가지 색깔을 가지고 있습니다. 여러분이 보고 있는 빛은 무엇으로 이루어져 있을까요?

오늘 실험에서는 지난번에 사용한 유리관에서 전지를 떼어 내겠습니다.

파인먼은 전지를 떼어 내고, 유리관 양쪽 극에서 나온 도선 사이에 꼬마전구를 연결하였다. 그리고 보랏빛을 유리관을 향해 쬐었다.

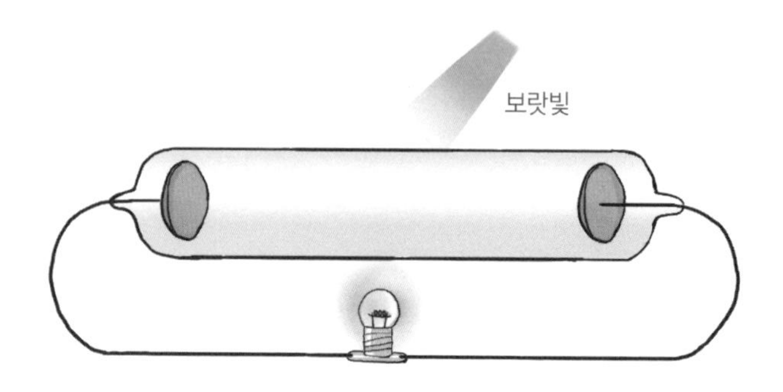

전지가 없는데도 꼬마전구에 불이 들어왔지요? 이번에는 빨간빛을 쬐겠습니다.

파인먼이 빨간빛을 유리관에 비추자 꼬마전구에 불이 들어오지 않았다.

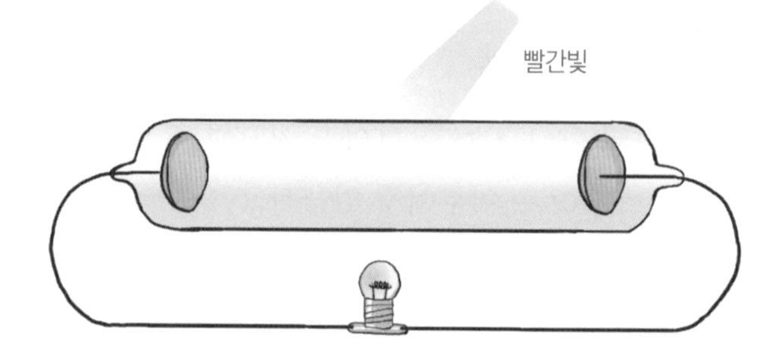

왜 이런 일이 일어날까요?

꼬마전구에 불이 들어온다는 것은 도선에 전류가 흐른다는 말입니다. 즉, 전자들이 도선을 따라 움직이고 있다는 뜻이지요. 도선에 전자들을 움직이게 하려면 전지가 있어야 한다는 것을 알고 있지요? 그럼 무엇이 전지의 역할을 했을까요?

또 하나 이상한 것이 있습니다. 왜 보랏빛을 쬐었을 때는 전류가 흐르고, 빨간빛을 쬐었을 때는 전류가 흐르지 않았을까요?

이 2가지 의문을 풀기 위해서는 먼저 빛의 성질에 대해 알아야 합니다. 우리는 빨강에서 보라까지 일곱 색깔의 빛을 볼 수 있습니다. 이렇게 우리 눈에 보이는 빛을 가시광선이라고 하지요. 하지만 적외선이나 자외선처럼 눈에 보이지 않는 빛도 있습니다.

가시광선에 대해서만 얘기해 봅시다. 일곱 색깔의 빛이 모두 섞이면 흰빛이 됩니다. 이들을 일곱 색깔의 빛으로 분리시키기 위해서는 프리즘을 사용하지요.

빛은 질량이 없는 아주 작은 알갱이들로 이루어져 있습니다. 이 알갱이를 광자라고 하지요. 그러니까 흰빛 속에는 빨강 광자부터 보라 광자까지 7종류의 광자가 들어 있습니다. 7종류의 광자들 중에는 에너지가 아주 큰 것도 있고 에너지

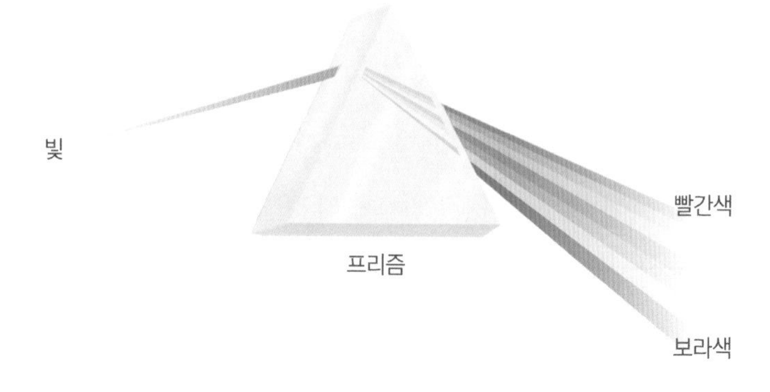

가 작은 것도 있습니다. 빨강 광자의 에너지가 제일 작고 보라 광자 쪽으로 갈수록 에너지가 커져, 보라 광자의 에너지가 제일 큽니다.

보라 광자는 에너지가 커서 유리관의 금속 속에 있는 전자를 때려 밖으로 튀어나오게 할 수 있습니다. 이것은 보라 광자의 에너지가 전자에까지 전달되기 때문입니다. 그래서 보라 광자로부터 에너지를 얻은 전자가 금속 밖으로 나가게 된 것이지요. 하지만 빨강 광자는 에너지가 작아 전자에게 충분한 에너지를 주지 못합니다. 그래서 아무리 빨간빛을 쬐어도 전자들이 튀어나오지 못하므로 전류가 흐르지 않지요.

쉬운 예를 들어 보겠습니다.

파인먼은 움푹 팬 웅덩이에 똑같은 크기의 흰 구슬들을 넣었다. 그리고 한 학생에게 검은 구슬을 건네주며, 웅덩이를 향해 구슬을 아주 살살 던지라고 했다.

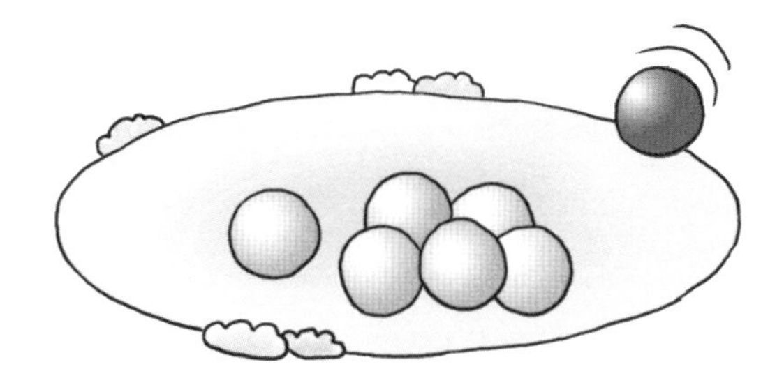

검은 구슬을 살살 던지니까 웅덩이 속의 흰 구슬이 튀어나오지 않았지요? 웅덩이를 금속이라고 생각하고, 웅덩이 속의 흰 구슬들을 금속 속의 전자라고 생각합시다. 이때 던진 검은 공이 바로 광자입니다.

살살 던져진 검은 구슬의 에너지는 작습니다. 이때 검은 구슬은 빨강 광자를 나타내지요. 에너지가 작은 빨강 광자가 금속 속의 전자를 튀어나오지 못하게 한다는 것을 알 수 있습니다.

파인먼은 다른 학생에게 검을 구슬을 건네주고, 웅덩이를 향해 구슬을 최대한 세게 던지라고 했다.

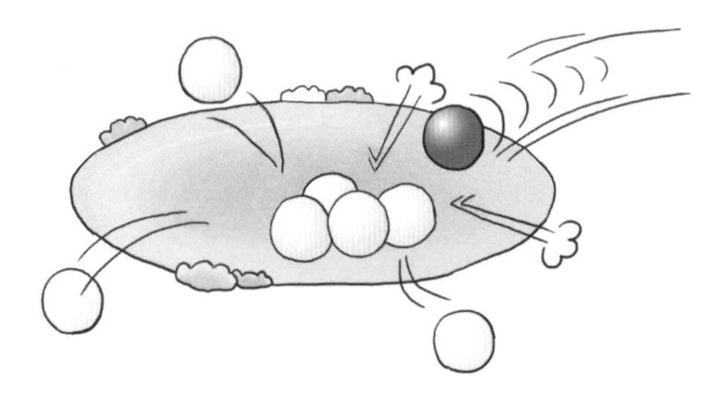

웅덩이 속의 구슬들이 많이 튀어나오는군요. 웅덩이를 금속이라고 했으니까 튀어나온 흰 구슬들은 금속 밖으로 나온 전자들을 나타냅니다. 물론 세게 던져진 검은 구슬은 에너지가 큰 보라 광자를 나타내지요. 이제 보랏빛을 쬐면 왜 전류가 흐르는지 알겠지요?

만화로 본문 읽기

자, 오늘은 내가 마술을 보여 줄게.

유리관에 있는 전구를 건전지 없이 켜 볼게.
거짓말! 어떻게 그럴 수 있어?

자, 이렇게 보랏빛을 비추면 불이 들어오게 돼.
와! 대체 어떻게 한 거야?

철이가 빛의 성질을 잘 이용했군요.
책에서 읽었어요.
선생님, 어떻게 하는 건 가르쳐 주세요.

빛은 아주 작은 알갱이들로 이루어져 있습니다. 이 알갱이를 광자라고 하는데, 흰 빛 속에는 빨강 광자부터 보라 광자까지 일곱 종류의 광자가 들어 있답니다. 그리고 이 중 빨강 광자의 에너지가 제일 작고, 보라 광자가 가장 큽니다.

보라 광자는 에너지가 커서 유리관의 금속 속에 있는 전자를 때려 밖으로 튀어나오게 할 수 있어요. 그래서 보라 광자로부터 에너지를 얻은 전자가 금속 밖으로 나가게 되어 전구를 켤 수 있게 되는 것이지요. 하지만 빨강 광자는 에너지가 충분하지 못해 전자가 튀어나오지 못하므로 빨간 빛을 비추면 전구를 켤 수 없답니다.

원자는 어떻게 생겼을까요?

원자 속에는 (-)전기를 띤 전자가 삽니다.
(+)전기를 띤 부분은 원자 속에 어떻게 분포해 있을까요?

3

세 번째 수업

원자는 어떻게 생겼을까요?

교. 과. 연. 계.

초등 과학 3-1	1. 우리 생활과 물질
중등 과학 1	9. 정전기
중등 과학 2	7. 전기
중등 과학 3	3. 물질의 구성
고등 과학 1	3. 물질
고등 물리 II	3. 원자와 원자핵

파인먼은 지난번 수업 내용을 강조하며 세 번째 수업을 시작했다.

파인먼은 전자가 금속 원자로부터 나온다는 점을 다시 한 번 강조했다. 전자가 살고 있는 집인 원자 속이 어떻게 생겼는지를 알아보기 위해서였다. 파인먼은 학생들에게 질문을 했다.

오늘은 원자가 어떻게 생겼는지 알아보겠습니다. 원자 속에는 (−)전기를 띤 전자들만 살고 있을까요?

원자는 보통 때 전기를 띠지 않습니다. 그러므로 원자 속에는 전자들이 가진 (−)전기와 크기는 같고 부호는 반대인 (+)전기가 있어야 합니다.

(+)전기의 양과 (−)전기의 양이 같으면 물질은 전기를 띠지 않는다.

원자 속에 (+)전기는 어떻게 분포되어 있을까요?

처음 원자의 모습을 생각한 사람은 영국의 물리학자 톰슨(Joseph Thomson, 1856~1940)입니다. 톰슨은 원자가 마치 수박과 같아서 (+)부분이 골고루 퍼져 있고 전자들이 수박 씨처럼 드문드문 박혀 있는 모습일 것이라고 생각했습니다.

처음에는 많은 물리학자들이 톰슨의 원자 모형을 지지했습니다. 그런데 그의 제자인 러더퍼드(Ernest Rutherford, 1871~1937)라는 물리학자가 어느 날 얇은 금박에 라듐에서 나오는 방사선을 쪼이는 실험을 했습니다. 금은 금 원자들이 주기적으로 배열되어 있는 모습입니다. 그런데 금 원자의 어떤 부분에 쪼인 방사선이 밖으로 튕겨 나가는 것이었습니다.

방사선이란 에너지가 아주 강한 알갱이들의 흐름입니다. 라듐은 무시무시한 방사선을 내는데, 이때 나오는 방사선을 알파선이라고 합니다. 이 방사선은 아주 빠르게 튀어나오는 (+)전기를 띤 알갱이들의 흐름입니다. 이 알갱이들은 에너지가 아주 커서 보통의 빛이 뚫지 못하는 두꺼운 책도 뚫고 지나갈 수 있습니다. 만약 (+)전기를 띤 부분이 수박의 열매살 부분처럼 골고루 퍼져 있다고 합시다. 그러면 알파선이 금 원자를 쉽게 뚫고 지나갈 것입니다. 즉, 금박에서 밖으로 튕겨 나가는 사건은 벌어지지 않을 것입니다.

파인먼은 학생들에게 커다란 종이의 양쪽 끝을 잡고 있으라고 한 뒤 장난감 총을 들어 종이를 향해 쐈다.

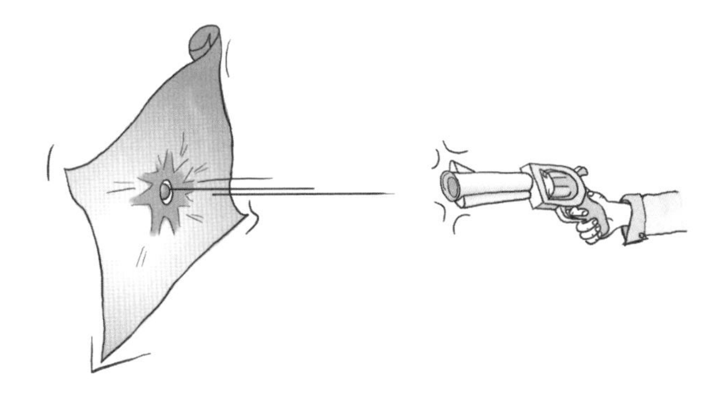

총알이 종이를 쉽게 뚫고 지나가지요? 이것은 종이의 분자가 골고루 퍼져 있어 총알이 주는 충격을 버틸 수 없기 때문입니다.

파인먼은 학생들에게 종이를 접을 수 있는 데까지 여러 번 접어 작고 두툼하게 만들라고 했다. 파인먼은 다시 총을 쐈다. 종이에 부딪힌 총알이 밖으로 튕겨 나왔다.

이렇게 종이를 두껍게 접어 분자들을 한곳으로 모이도록 하면 총알이 뚫지 못할 정도로 아주 단단해집니다. 그러니까 알파선이 금박의 어떤 부분에서 밖으로 튕겨 나오려면 여러 번 접은 종이처럼 원자 속에 아주 단단한 부분이 있어야 합니다.

물리학자들은 (+)전기를 띠는 부분이 아주 작은 지역에 몰려 있으면 그 부분이 단단해진다는 것을 알게 되었습니다. 물론 그 부분은 원자의 중심에 있으며 이곳을 원자핵이라고 합니다.

러더퍼드의 원자 모형

전자는 가만히 있을까요? 그렇지 않습니다. 달이 지구 주위를 빙글빙글 도는 것처럼, 전자는 원자핵 주위를 빙글빙글 돌고 있습니다.

왜 원자핵은 중앙에 가만히 있고 전자가 도는 걸까요? 그것은 원자핵이 전자에 비해 아주 무겁기 때문입니다. 가장 가벼운 수소 원자의 경우 원자핵은 전자 질량의 1,840배 정도입니다.

수소 원자 속에는 전자가 1개이므로 전자의 전기를 −1이라고 하면, 수소의 원자핵이 가지는 전기는 +1이 되어 보통의 경우 수소 원자는 전기를 띠지 않습니다.

수소 다음으로 가벼운 원자는 무엇일까요?

파인먼은 학생들에게 풍선을 건네주고 풍선 속의 기체를 마신 다음, 말을 해 보라고 했다. 학생들의 목소리가 이상하게 들렸다.

풍선 안에 들어 있는 기체가 바로 수소 다음으로 가벼운 헬륨입니다. 헬륨 원자는 원자핵 주위를 2개의 전자가 돌고 있는 모양입니다. 그러니까 헬륨의 원자핵이 가지는 전기는 +2가 되지요.

이렇게 원자핵 주위를 도는 전자의 개수가 달라지면 다른 원자가 됩니다. 예를 들어, 산소 원자 속에는 8개의 전자들이 돌고 있으며, 산소 원자핵은 +8의 전기를 가지지요.

이때 원자들이 가지고 있는 전자(양성자)의 개수는 어떤 원자인지를 나타내는 중요한 수가 되는데, 이 수를 원자 번호라고 합니다. 그러니까 수소의 원자 번호는 1번, 헬륨의 원

과학자의 비밀노트

원자 번호(atomic number)

원자핵 속에 있는 양성자의 수이다. 중성 원자에서는 양전기를 띤 양성자와 음전기를 띤 전자의 수가 같으므로 원자 속 전자의 수와 같다. 기호로 Z를 사용한다. 원자 번호 순서대로 원소를 나열한 것이 주기율표이다.

자 번호는 2번, 산소의 원자 번호는 8번, …… 이런 식이지요.

원자핵의 크기는 얼마나 될까요? 놀랍게도 원자핵의 크기는 원자 전체 크기의 $\frac{1}{10,000} \sim \frac{1}{100,000}$ 입니다. 그러니까 아주 작지요.

그러므로 원자는 중심에 아주 작은 원자핵이 있고, 크기를 알 수 없을 정도로 작고 가벼운 전자들이 그 주위를 돌고 있는 모습입니다. 원자핵과 전자 사이는 텅 비어 있으니까 우리가 원자 속으로 여행한다면 거의 아무것도 보이지 않는 황량한 모습을 발견할 것입니다.

두 물체를 마찰시키면 왜 전기가 생길까요?

모든 사물은 원자들로 이루어져 있습니다. 보통의 경우 원

자는 원자핵이 가진 (+)전기의 양과 전자들이 가진 (-)전기의 양이 같아 전기를 띠지 않습니다. 하지만 원자핵에 비해 가벼운 전자는 상황에 따라 원자핵으로부터 도망칠 수 있습니다. 이렇게 전자가 떠나고 나면 원자 속의 (+)전기와 (-)전기의 균형이 깨집니다.

파인먼은 플라스틱 책받침을 털가죽으로 여러 번 문지른 후, 머리카락이 긴 여학생의 머리에 가까이 가져다 대었다. 여학생의 머리카락이 위로 치솟아 책받침에 달라붙었다.

왜 머리카락이 책받침에 달라붙었을까요? 그것은 책받침이 전기를 띠게 되었기 때문입니다. 책받침을 털가죽에 문지르기 전에는 책받침이나 털가죽 모두 전기를 띠지 않았습니다.

책받침을 문지르면 열이 발생해 뜨거워지지요. 열이란 에너지이므로 이 에너지를 얻은 전자들이 움직일 수 있게 됩니다. 이때 털가죽 속의 전자들이 플라스틱 책받침 속의 전자들보다 원자핵으로부터 도망을 잘 치기 때문에, 도망친 전자들이 책받침 속으로 흘러들어 간 것입니다. 이로써 털가죽은 전자들이 빠져나가 원자핵이 가지고 있는 (+)전기가 더 많아졌으니 (+)전기를 띠고, 책받침은 전자들이 더 많아져서 (−)전기를 띠게 되지요.

이렇게 두 물체를 마찰시키면 전자들이 움직여 두 물체는 서로 반대 부호의 전기를 띠는데, 이렇게 해서 생긴 전기를

마찰 전기 또는 정전기라고 합니다.

이때 (-)전기를 띤 책받침을 머리카락에 가까이 가져가면 머리카락에서 책받침에 가까운 부분이 (+)전기를 띠게 됩니다. 왜냐하면 머리카락 속의 (-)전기를 띤 전자를 책받침의 (-)전기가 밀어내기 때문입니다. 이로써 책받침과 머리카락은 서로 반대 부호의 전기를 띠게 되어 달라붙습니다.

만화로 본문 읽기

선생님, 원자 속에는 (-)전기를 띤 전자들만 있나요?
원자 속에는 전자들이 가진 (-)전기와 크기는 같고, 부호는 반대인 (+)전기가 있어요.

그래서 (+)전기를 띠는 이 친구의 양과 (-)전기를 띠는 전자의 양이 같으면 물질은 전기를 띠지 않지요. 그럼 과연 (+)전기와 (-)전기는 어떻게 분포되어 있을까요?
수박같이 (+) 부
이 골고루 퍼져 있고
전자들이 수박씨처
드문드문 박혀 있는
습이 아닐까요?

처음 원자의 모습을 생각한 톰슨의 원자 모형이 철이가 말한 것과 같아요. 하지만 러더퍼드라는 물리학자는 실험을 통해 다른 생각을 했어요.
어떤 실험인가요?

얇은 금박에 라듐에서 나오는 방사선을 쪼이는 실험인데, 이 실험에서 러더퍼드는 원자의 어떤 부분에 쪼인 방사선이 밖으로 튕겨 나가는 걸 확인했죠.
오호!!

라듐은 알파선을 내는데, 이 방사선은 (+)전기를 띤 알갱이들의 흐름으로 보통의 빛이 뚫지 못하는 두꺼운 책도 뚫고 지나갈 수 있답니다. 만약 (+)전기를 띤 부분이 수박 전체에 골고루 퍼져 있다면, 라듐의 방사선은 금 원자를 쉽게 뚫고 지나갔을 것이라 생각했어요.

그러나 실험에서 방사선이 튕겨 나가는 걸 보고 러더퍼드는 (+)전기를 띠는 부분이 아주 작은 지역에 몰려 있으며, 그 주위를 전자들이 빙글빙글 돌고 있다고 생각하게 되었지요.
그렇군요.

네 번째 수업

4

전자가 기차 타요

전기를 띤 물체가 움직이면 빛이 나옵니다.
빛은 에너지를 가지고 있으므로, 원자 속의 전자는 빛을 내면서
점점 에너지가 줄어듭니다. 그러면 어떤 문제가 생길까요?

4

네 번째 수업

전자가 기차 타요

교과연계		
교.	중등 과학 1	1. 상태 변화와 에너지
과.	중등 과학 2	7. 전기
연.	고등 물리 I	1. 전기와 자기
계.	고등 화학 II	2. 물질의 구조
	고등 물리 II	3. 원자와 원자핵

파인먼이
커다란 고깔모자를 쓰고 와서
네 번째 수업을 시작했다.

학생들은 파인먼의 모습에 놀란 표정이었다. 그리고 누구의 생일일까 서로 궁금해했다. 하지만 생일 케이크가 없는 것으로 보아 생일 파티는 아닌 것 같았다. 파인먼은 모자를 벗고 주머니에서 조그만 구슬을 꺼냈다.

원자는 가운데 원자핵이 있고 그 주위를 전자가 원을 그리며 돌고 있다고 했습니다. 하지만 이것은 물리적으로 문제가 있습니다. 어떤 문제인지 봅시다.

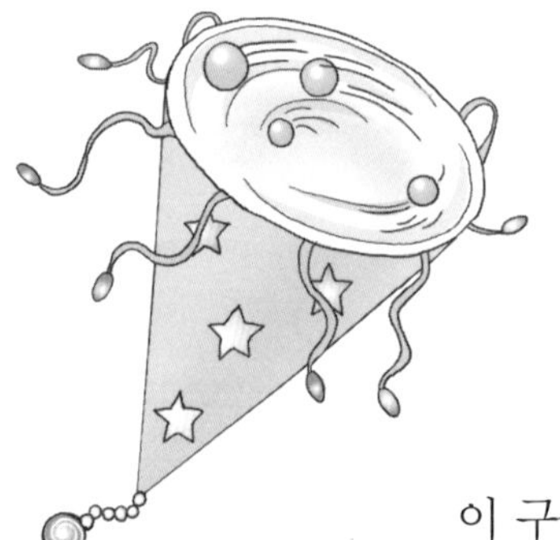

파인먼은 커다란 고깔모자를 뒤집은 다음, 조그만 구슬을 손가락으로 튕겨 구슬이 고깔모자를 따라 원을 그리며 돌게 하였다.

이 구슬은 에너지를 가지고 있습니다. 물론 내가 손가락으로 튕겨 구슬의 에너지를 만들었지요. 이렇게 물체가 충분한 에너지를 가지고 있으면 물체는 빙글빙글 돌 수 있습니다. 이 구슬을 좀 더 관찰해 보지요.

구슬은 점점 느려지기 시작하더니, 나선을 그리며 고깔모자의 중심으로 떨어졌다.

왜 구슬이 계속 원을 그리며 돌지 못했을까요? 그것은 구슬이 원을 그리며 돌 만큼 충분한 에너지를 가지고 있지 못하기 때문입니다.

그렇다면 구슬이 처음에 가지고 있던 에너지가 어디론가 사라졌다는 말이군요, 그렇죠?

구슬의 에너지를 빼앗은 것은 바로 구슬과 고깔모자의 면 사이의 마찰입니다. 마찰이 있으면 열이 생기지요. 다시 말해 구슬의 에너지가 줄어든 만큼의 열이 생깁니다. 물론 이 열은 주위의 온도를 올리는 역할을 합니다. 인공위성이 지구 주위를 빙글빙글 돌다가 에너지가 줄어들면 지구로 떨어지는 것도 같은 이치랍니다.

고깔모자 안을 돌다가 마찰 때문에 떨어지는 구슬 실험을 한 데는 다 이유가 있습니다. 원자핵 주위를 빙글빙글 도는 전자가 처음의 에너지를 계속 가지고 있다면 전자는 계속하여 원자핵 주위를 돌 수 있습니다.

그러나 고깔모자 안을 돌던 구슬이 마찰에 의해 에너지를 빼앗기듯이, 빙글빙글 도는 전자도 움직일 때마다 에너지가 줄어듭니다.

전자의 에너지가 줄어드는 이유는 전자가 움직이면서 빛을 내기 때문입니다.

전기를 띤 물체가 움직이면 빛이 나온다

빛은 에너지를 가지고 있지요? 그 에너지는 바로 전자가 빼앗긴 에너지입니다.

예를 들어, 에너지를 돈에 비유해 보지요. 전자가 원자핵 주위를 돌려면 100원이 필요하다고 합시다. 그런데 전자가 움직이는 순간 에너지가 20원인 빛이 나왔다고 하면, 전자가 가진 에너지는 이제 80원으로 줄어든 것이지요.

다시 전자가 움직이면서 에너지가 20원인 빛이 나오면 전자의 에너지는 60원이 됩니다. 이런 식으로 전자가 움직이면서 계속 빛을 내보내면 처음에 가지고 있던 100원을 모두 쓰게 됩니다. 그럼 전자는 에너지가 없으므로 더 이상 원자핵 주위를 돌지 못하겠지요. 그때 전자는 (−)전기를, 원자핵은 (+)전기를 띠고 있으므로 둘 사이에 서로 잡아당기는 힘이 작용해 전자는 원자핵에 달라붙게 됩니다.

그렇다면 전자는 모두 원자핵에 붙잡혀 멈춰 있는 걸까요? 그건 좀 이상하군요. 만약 그렇다면 도선을 따라 움직이는

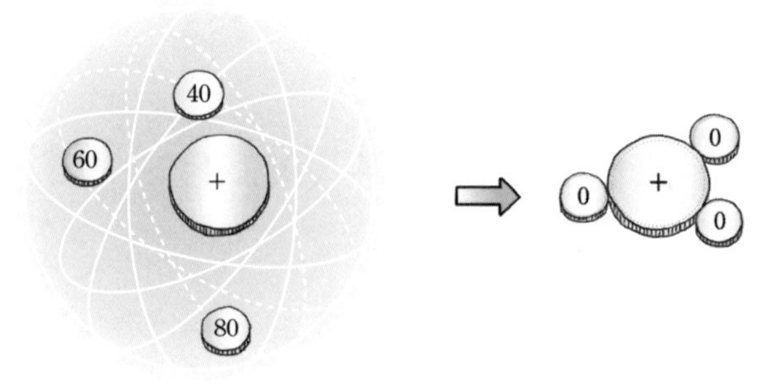

전류는 뭐지요? 전류는 전자들의 흐름이지요. 전자가 원자핵 주위를 돈다는 모형은 간단하기는 하지만 옳은 모형이 아닙니다.

전자가 기차 타요

어떻게 하면 이 문제를 해결할 수 있을까요? 간단합니다. 전자가 원자핵에 붙잡히지 않도록 하면 되지요. 이제 전자들이 그림과 같이 정해진 원형 기찻길에서만 움직일 수 있다고 합시다.

에너지를 돈에 비유하기로 했으므로, 전자가 각 기찻길을 가기 위한 요금을 살펴보지요. 가장 안쪽 기찻길부터 차례로 10원, 20원, 30원……. 이런 식으로 10원씩 차이가 난다고

합시다. 예를 들어, 전자가 20원의 에너지를 가지면 전자는 두 번째 기찻길에 있게 됩니다.

전자가 움직이면 어떻게 될까요? 전자가 기찻길을 따라 움직이면 역시 빛이 나옵니다. 빛이 나오면서 에너지가 작아진 전자는 좀 더 값이 싼(에너지가 작은) 안쪽 기찻길로 이동하게 되지요. 이때 나오는 빛의 크기에 따라 다음 기찻길이 결정됩니다.

가령 두 번째 기찻길의 전자가 20원을 가지고 있을 때 빛을 내보낸 뒤 갈 수 있는 곳이 10원짜리 기찻길이므로, 전자는 10원짜리 빛을 내보내고 남은 10원으로 10원짜리 기찻길에 있게 됩니다.

이번에는 전자가 30원짜리 기찻길에 있다고 해 봅시다. 전자가 움직여 빛을 내보내고 갈 수 있는 곳은 어디죠?

__ 10원과 20원 기찻길입니다.

그러면 전자가 20원짜리로 간다고 합시다. 이때 나오는 빛은 에너지가 얼마죠?

__ 10원입니다.

그렇습니다. 두 기찻길의 요금 차이에 해당하는 빛을 내보내지요.

이번에는 10원짜리 기찻길로 간다고 합시다. 이때 나오는 빛은 에너지가 얼마죠?

__ 20원입니다.

그러니까 30원짜리 기찻길에 있는 전자가 내보낼 수 있는 빛은 2종류이군요.

30원에서 20원으로 갈 때 방출되는 빛의 에너지

= 30 − 20 = 10(원)

30원에서 10원으로 갈 때 방출되는 빛의 에너지

= 30 − 10 = 20(원)

이렇게 바깥쪽 기찻길의 전자는 빛을 내보내면서 안쪽의 값이 싼 기찻길로 움직입니다.

이때 다음 공식이 성립합니다.

바깥쪽 기찻길의 요금 = 안쪽 기찻길의 요금 + 빛의 에너지

가장 안쪽의 기찻길에서 전자가 움직이면 어떤 일이 벌어질까요? 이때도 빛이 나오면서 원자핵에 붙잡힐까요?

그렇지는 않습니다. 가장 값이 싼 기찻길에서 움직일 때 전자는 더 이상 빛을 내보내지 않습니다.

가장 안쪽 궤도를 도는 전자는 빛을 내보내지 않는다.

이제 반대의 과정을 생각해 봅시다.

값이 싼 기찻길에 있는 전자가 좀 더 비싼 기찻길로 움직일 수 있을까요? 돈이 더 있다면 가능합니다. 예를 들어, 10원짜리 기찻길에 있는 전자에게 누군가가 10원을 주면 전자는 20원을 가지게 되어 20원짜리 기찻길로 옮겨 갑니다.

그렇다면 누가 전자에게 돈(에너지)을 줄까요?

첫 번째로는 광자가 줄 수 있습니다. 10원짜리 광자가 10원짜리 기찻길에 있는 전자와 부딪쳐 자신의 돈을 모두 전자에게 주면 전자는 20원을 가지게 되어 20원짜리 기찻길로 옮겨 갑니다. 이렇게 돈이 많은 광자가 전자와 부딪쳤을 때 전자에게 많은 돈을 줌으로써, 전자가 금속의 밖으로 나올 수도 있지요. 유리관에 보랏빛을 쪼이면 전자들이 튀어나오는 현상은 이런 식으로 설명할 수 있습니다.

두 번째로는 원자를 뜨겁게 가열하는 것입니다. 뜨거워지면 원자는 외부로부터 열에너지를 얻습니다. 에너지를 얻은 전자는 더 비싼 기찻길로 옮겨 갈 수 있지요.

그 기찻길은 원자핵으로부터 아주 멀리 떨어져 있으므로, 전자는 원자핵에서 아주 멀리 떨어진 곳에 있고 원자핵들만이 덩그러니 남아 있는 모습이 됩니다. 이것이 바로 플라스마 상태입니다.

다섯 번째 수업

5

불확정성 원리가 뭘까요?

전자의 위치를 정확하게 관찰할 수 있을까요?

전자의 위치를 정확히 알 수 없다면 어떤 일이 벌어질까요?

다섯 번째 수업

불확정성 원리가 뭘까요?

교과연계

중등 과학 1	7. 힘과 운동
중등 과학 2	1. 여러 가지 운동
고등 물리 Ⅱ	1. 운동과 에너지
고등 물리 Ⅱ	3. 원자와 원자핵

파인먼이 잠시 고민하다가 다섯 번째 수업을 시작했다.

오늘 수업 내용이 지금까지의 수업에 비해 어려운 내용이기 때문이었다. 하지만 이번 강의의 가장 핵심이 되는 내용이기도 했다. 파인먼은 지금까지의 수업 내용을 학생들에게 다시 한 번 요약하여 설명해 주었다. 특히 전날 수업한 전자가 기차 타고 움직이는 부분을 강조했다.

지난 시간에 전자가 기차 궤도처럼 도는 것에 대해 설명했지요? 비싼 궤도를 돌던 전자가 움직이면 빛이 나옵니다. 이때 빛이 돈을 가지고 가니까 전자의 돈이 줄어들면서 전자는 값이 싼 안쪽 궤도를 돌게 된다고 얘기했지요.

도대체 왜 이런 믿을 수 없는 일이 일어나는 걸까요? 그것은 전자들이 따라야 하는 새로운 원리 때문입니다. 이것이 바로 불확정성 원리라고 하는 아주 중요한 원리입니다.

불확정성 원리 : 물체의 위치와 속도를 정확하게 측정할 수 없다.

우리는 전자의 크기도 모르고 전자를 볼 수도 없습니다. 또한 전자가 어떤 길을 따라 움직이는지도 알 수 없습니다. 따라서 우리는 전자의 위치를 정확하게 알 수 없지요.

불확정성 원리는 전자에 대해서만 성립하는 것이 아니고, 날아가는 야구공이나 달리는 자동차에 대해서도 적용됩니다.

우리가 물체의 위치를 정확하게 측정한다면 물체의 위치 오차(위치에 대한 오차)는 0입니다. 또한 속도를 정확하게 측정하면 물체의 속도 오차(속도에 대한 오차)는 0이 되겠지요.

그런데 우리는 물체의 위치, 속도 모두 정확하게 관측할 수 없습니다. 그러므로 위치 오차도 속도 오차도 모두 0이 아니지요. 따라서 위치 오차와 속도 오차를 곱하면 0이 아닌 값이 됩니다. 물리학자들은 그 0이 아닌 값을 찾아냈는데, 공식은 다음과 같습니다.

과학자의 비밀노트

불확정성 원리(Uncertainty principle)

양자 역학에서 두 개의 관측 가능한 물리량을 동시에 측정할 때, 두 물리량 사이의 정확도에는 자연적 한계가 있다는 내용이다. 독일의 물리학자 하이젠베르크(Werner Heisenberg, 1901~1976)가 창안하였다. 불확정성 원리는 위치와 운동량, 에너지와 시간에 대한 불확정성 원리이다. 위치(운동량)를 정확하게 관측하면 운동량(위치)이 부정확해지고, 에너지(시간)를 정확하게 측정하면 시간(에너지)이 부정확해진다는 내용이다. 양자 역학의 근간을 이루는 원리가 되고 있다.

위치 오차 × 속도 오차 = 양자 상수 ÷ 질량

여기서 양자 상수는 약 10^{-34} 정도인 아주 작은 값입니다. 하지만 어쨌든 0보다는 크니까 위치 오차와 속도 오차를 0이 되게 할 수는 없겠지요.

위 식은 위치 오차와 속도 오차가 반비례한다는 것을 나타냅니다. 즉, 위치 오차를 작게 하면 속도 오차가 커지고 속도 오차를 작게 하면 위치 오차가 커진다는 것을 보여 줍니다.

조금 쉬운 비유를 해 봅시다.

파인먼은 미애에게 가운데 작은 구멍이 뚫려 있는 나무판을 들고 있게 한 뒤 철이에게 장난감 총을 건네주며 쏘라고 했다.

철이가 쏜 총알들은 구멍을 통과하면서 여러 방향으로 튀었다.

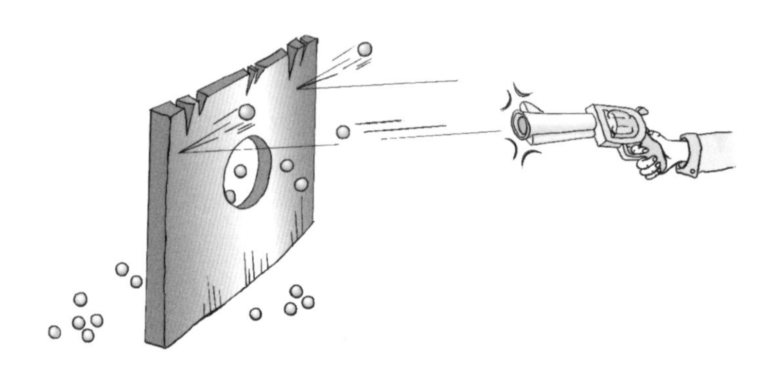

철이가 총을 쏘는 곳을 우리가 볼 수 없는 세계라고 하고, 구멍을 통해 나온 총알은 우리가 관측할 수 있다고 합시다. 미애가 움직이지 않고 나무판을 들고 있으면 작은 구멍은 일정한 위치에 있게 됩니다. 그때 관측자인 우리는 총알이 어느 위치에서 처음 보이기 시작했는지를 거의 정확하게 알 수 있지요. 그러니까 총알의 위치 오차는 작아집니다. 물론 구멍을 더 작게 하면 할수록 총알의 위치 오차를 더 줄일 수 있습니다.

하지만 구멍이 작아질수록 총알은 나무판의 구멍 벽과 더 많이 충돌하게 됩니다. 이때 충돌의 종류는 다양합니다. 총알이 벽과 충돌하지 않을 수도 있고, 벽에 살짝 스칠 수도 있으며, 크게 부딪칠 수도 있습니다. 그러므로 관측자가 보는 총알의 속도는 여러 가지가 되지요. 즉, 속도 오차가 커집니다. 이렇게 위치 오차를 줄이면 속도 오차가 커집니다.

이번에는 속도 오차를 줄여 봅시다.

파인먼은 철이가 총을 쏘면 미애가 나무판을 움직여서 총알이 구멍 벽에 부딪히지 않고 통과하도록 하였다.

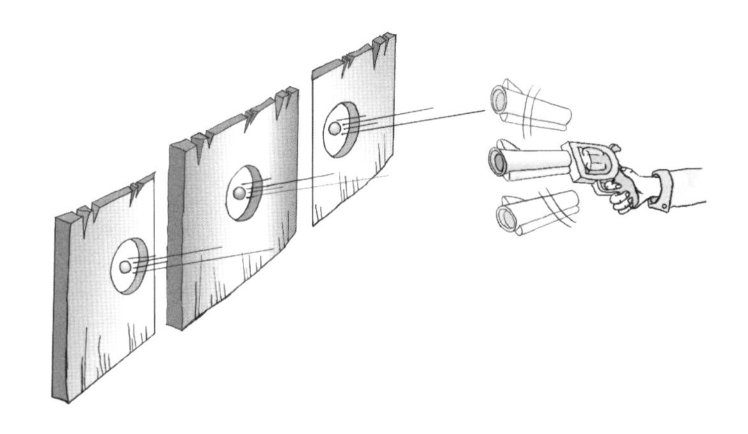

이번에는 총알들이 구멍 벽과 부딪치지 않으므로 총알의 속도는 항상 같은 값으로 관측됩니다. 즉, 속도 오차는 아주 작지요. 하지만 그러기 위해서는 관측자가 총알이 오는 방향에 따라 나무판을 움직여야 합니다.

하지만 이때 총알이 구멍을 통과하는 위치는 달라집니다. 즉, 총알의 위치 오차는 커지지요. 따라서 속도 오차를 줄이면 위치 오차가 커진다는 사실을 알 수 있습니다.

뉴턴의 운동 법칙에 따르면, 물체의 위치를 알면 움직이는 물체의 속도도 정확하게 알 수 있습니다.

예를 들어, 높은 곳에서 떨어지는 돌멩이를 생각해 봅시다. 돌멩이가 약 5m 떨어지면 그때 돌멩이의 속도는 초속 10m 정도가 됩니다. 이렇게 돌멩이의 위치와 속도를 정확하게 알 수 있다는 것은 돌멩이의 위치 오차와 속도 오차를 똑같이 아주 작게 만들 수 있다는 것을 말하지요.

그렇다면 돌멩이는 불확정성 원리를 따르지 않는 걸까요? 그렇지는 않습니다. 다만 돌멩이의 질량이 너무 크고 양자 상수가 너무 작아서 위치 오차나 속도 오차를 측정할 수 없는 것입니다.

구체적으로 생각해 봅시다. 돌멩이의 질량을 1kg이라고 합시다. 그럼 불확정성 원리에 의해 다음의 관계식을 얻을 수 있습니다.

위치 오차 × 속도 오차 = 양자 상수 ÷ 질량

$= 10^{-34} \div 1$

두 오차의 곱이 10^{-34}이라는 아주 작은 값이 되었습니다. 이때 우리는 두 오차를 다음과 같이 알아볼 수 있습니다.

위치 오차 = 10^{-17}(m)

속도 오차 = 10^{-17}(m/s)

여러분은 떨어지는 돌멩이에 대해 10^{-17}m라는 너무나 작은 위치 오차를 관측할 수 있습니까? 10^{-17}m는 1m를 10억으로 나눈 길이를 다시 1억 등분했을 때 한 도막의 길이입니다. 이렇게 짧은 길이까지 돌멩이의 위치를 측정한다는 것은 불가능하겠지요? 그러니까 우리는 떨어지는 돌멩이에 대해 마치 위치 오차가 없는 것처럼 취급하는 것입니다.

마찬가지로, 속도 오차도 무시해 버리지요. 그래서 마치 돌멩이의 위치와 속도를 정확하게 관측할 수 있는 것처럼 다루는데, 이것이 바로 뉴턴의 운동 법칙입니다.

하지만 원자 속의 전자들에 대해서는 그렇지 않습니다. 그것은 전자가 너무나 가볍기 때문입니다. 전자의 질량은 10^{-30}kg이므로 전자에 대한 두 오차의 곱은 다음과 같습니다.

위치 오차 × 속도 오차 = 10^{-4}

전자는 지름이 10^{-10}m인 원자 속에서 삽니다. 그러므로 전자의 위치 오차는 적어도 이 정도의 규모가 되어야 합니다. 전자의 위치 오차를 10^{-10}m라고 하면 속도 오차는 10^{6}m/s가 됩니다.

10^{6}=1,000,000이므로 전자의 속도 오차가 초속 100만 m 정도 됩니다. 전자의 속도가 이렇게 큰 오차를 가지고 있다 보니 우리는 전자의 속도를 정확하게 알 수 없습니다.

양자 나라 이야기

우리가 사는 세상의 사물들은 양자 상수에 비하면 질량이 너무 크기 때문에 불확정성 원리를 느낄 수 없습니다. 만일 우리가 사는 세상의 양자 상수가 아주 크다고 가정해 볼까요? 물론 그런 일은 일어나지 않겠지만.

상상 속의 그런 세상을 불확정성 나라라고 합시다. 예를 들어, 불확정성 나라의 양자 상수가 1이라고 해 봅시다. 이 때 불확정성 원리는 다음과 같이 됩니다.

위치 오차 × 속도 오차 = 1 ÷ 질량

이 나라에서 질량이 100kg이라고 하면, 위의 식은 다음과 같이 됩니다.

위치 오차 × 속도 오차 = 10^{-2}

우리는 어느 정도까지 정확하게 길이를 잴 수 있을까요? 자를 들고 잴 때는 1mm의 $\frac{1}{10}$까지는 어림잡아 길이를 잴 수 있습니다. 이 길이를 미터로 바꾸면 $\frac{1}{10,000}$m이니까 물체의 위치 오차는 10^{-4}m 정도입니다. 그때 속도 오차가 얼마나 되는지를 계산해 봅시다.

10^{-4} × 속도 오차 = 10^{-2}

이렇게 해서 속도 오차는 10^2=100m/s가 됩니다. 그러니까 물체의 속도에 대한 오차가 초속 100m 정도인 것이지요. 이 정도로 큰 오차라면 우리는 사람들이 걸어가는 속도를 전혀 알 수 없습니다. 그 사람이 뛰어가는 건지 아니면 기어서 가는 건지 아니면 비행기처럼 날아가는 건지 알 수 없습니다.

불확정성 나라에서는 벽에 못질을 하면 큰일납니다. 망치로 못질을 한다는 것은 망치로 못의 머리를 정확하게 내려치는 작업입니다. 이때 망치를 못의 머리를 향해 정확하게 겨냥하면 위치 오차가 너무 작아집니다. 그로써 망치의 속도 오차는 상상할 수 없을 정도로 커지게 되지요. 그러면 대포로 벽을 쏠 때처럼 어마어마한 속도로 벽을 쳐서 벽이 무너질 수도 있습니다.

만화로 본문 읽기

무궁화꽃이
피었습니다.
철이 너 움직였어.

아니,
안 움직였어.
움직였다니까.
미세한 움직임은
보기가 쉽지 않죠. 여
러분은 전자의 움직임을
본 적이 없지요?

전자는 아주 작기 때문에 우리는 전자를 볼
수가 없고, 따라서 전자의 위치와 속도도 정
확하게 알 수가 없답니다. 그런데 날아가는
야구공이나 움직이는 자동차도 마찬가지로
위치와 속도를 정확히 알 수가 없어요.
예? 뉴턴의 운동 법칙에 따르
면 물체의 위치를 알면 움직이는
의 속도도 알 수 있다고 배웠는걸요

맞아요. 하지만 거기에는 불확정성 원리가
숨겨져 있어요. 물체의 위치와 속도를 정확하
게 측정할 수 없는 것을 불확정성 원
리라고 해요. 이 원리로부터 물리
학자들은 다음과 같은 공식을 찾
아냈답니다.
위치 오차×속도 오차
= 양자 상수 / 질량

여기서 양자 상수는 약 10^{-34}로 아주 작은 값이에요. 따라서 만
질량이 1kg인 물체가 있다면 불확정성 원리의 식에서 위치 오
와 속도 오차는 10^{-17}이라는 아주 작은 값을 갖게 된답니다. 따
서 위치와 속도의 오차는 너무 작아서 마치 없는 것처럼 취급
하는 것이 뉴턴의 운동 법칙이랍니다.
아, 그런 거군요.

보통의 물체는 질량이 크고, 양자 상수가 너무 작
아서 위치 오차나 속도 오차를 측정할 수가 없답니
다. 그러나 전자는 매우 작고 가볍기 때문에 속도
오차를 측정할 수 있어요. 전자의 속도 오차를 계
산하면 초속 100만 m 정도 된답니다.

이렇게 전자의 속도가 큰 오차를
가지고 있다 보니 우리는 전자의
속도를 정확하게 알 수 없는 거
지요.
아, 그럼 저도 제 몸
작게 줄여 나가면 다른
람들이 제가 움직이는 것
알아볼 수 없겠네요.

여섯 번째 수업 6

전자는 어디에 있을까요?

전자의 위치와 속도는 정확하게 알 수 없습니다.
그럼 전자의 운동을 어떻게 다루어야 할까요?

여섯 번째 수업

전자는 어디에 있을까요?

교.	초등 과학 5-1	4. 물체의 속력
과.	중등 과학 2	1. 여러 가지 운동
연.	고등 물리 Ⅱ	1. 운동과 에너지
		3. 원자와 원자핵
계.	고등 화학 Ⅱ	2. 물질의 구조

파인먼은 불확정성 원리를
다시 한 번 강조하면서
여섯 번째 수업을 시작했다.

전자의 위치와 속도를 정확하게 관측할 수 없다면, 과연 전자의 위치는 알 수 있을까요?

어떤 내용을 정확하게 알 수 없을 때 우리는 확률의 개념을 사용합니다. 확률에 대해 조금 알아보지요.

파인먼은 갑자기 동전을 위로 던졌다. 그러자 동전의 앞면이 나왔다.

동전에는 앞면과 뒷면이 있습니다. 동전을 던지면 이 두 면 중 한 면이 나타나지요. 동전을 던졌을 때 앞면이 나올 확

률은 다음과 같이 정의합니다.

$$\text{앞면이 나올 확률} = \frac{\text{앞면이 나오는 경우의 수}}{\text{전체 경우의 수}}$$

앞면 또는 뒷면이 나올 수 있으므로 전체 경우의 수는 2가지입니다. 그중 앞면이 나오는 경우의 수는 1가지이지요. 그러니까 앞면이 나올 확률은 $\frac{1}{2}$이 됩니다. 물론 뒷면이 나올 확률도 역시 $\frac{1}{2}$이지요.

다른 예를 들어 봅시다.

파인먼은 주사위를 던졌다. 주사위의 3의 눈이 나왔다.

주사위를 던졌을 때 3의 눈이 나올 확률을 알아봅시다. 주사위를 던졌을 때 일어날 수 있는 상황은 다음과 같습니다.

1의 눈이 나온다.

2의 눈이 나온다.

3의 눈이 나온다.

4의 눈이 나온다.

5의 눈이 나온다.

6의 눈이 나온다.

일어날 수 있는 전체 경우의 수는 6가지입니다. 그리고 3의 눈이 나오는 경우의 수는 1가지이므로 3의 눈이 나올 확률은 $\frac{1}{6}$ 입니다.

조금 더 복잡한 경우를 생각해 봅시다. 동전이 2개 있습니다. 2개의 동전은 모양이 서로 같아서 구별할 수가 없습니다. 2개의 동전을 던졌을 때 앞면이 나올 수 있는 개수를 헤아려 보면 다음과 같습니다.

앞면이 0개

앞면이 1개

앞면이 2개

그렇다면 전체 경우의 수가 3가지일까요? 그렇지 않습니다. 동전 2개를 던졌을 때 나오는 경우는 다음과 같이 4가지입니다.

앞면이 1개 나오는 경우의 수가 2가지이군요.

그러니까 앞면의 개수에 따라 경우의 수를 쓰면 다음과 같습니다.

앞면이 0개 … 1가지

앞면이 1개 … 2가지

앞면이 2개 … 1가지

이때 각각의 확률은 다음과 같습니다.

앞면이 0개 … $\frac{1}{4}$

앞면이 1개 … $\frac{2}{4}$

앞면이 2개 … $\frac{1}{4}$

이것을 다음과 같이 표로 나타낼 수 있습니다.

앞면의 개수	0	1	2
확 률	$\frac{1}{4}$	$\frac{2}{4}$	$\frac{1}{4}$

이때 각 경우의 확률을 더하면 1이 된다는 것을 알 수 있습니다.

$$\frac{1}{4}+\frac{2}{4}+\frac{1}{4}=1$$

이렇게 모든 확률의 합은 항상 1이 됩니다.

위의 표를 보면 앞면이 1개 나올 확률이 가장 큽니다. 동전 2개를 던질 때 앞면이 몇 개 나올지는 누구도 알 수 없습니다. 하지만 앞면이 1개 나올 확률이 가장 높으니까 여러분은 앞면이 1개 나오는 상황을 가장 자주 보게 될 것입니다. 이렇게 정확하게 어떤 상황이 벌어질지 모르는 경우, 미래의 상황을 예측할 때는 확률을 사용하는 것이 편리합니다.

파인먼은 조그만 공을 실로 묶은 뒤 나뭇가지에 연결했다. 그리고 나뭇가지의 끝을 잡고 오른쪽 왼쪽으로 흔들었다. 공은 천천히 오른쪽 왼쪽으로 왕복 운동을 했다.

공이 천천히 움직이니까 공의 위치를 자세히 관측할 수 있지요?

파인먼은 이번에는 나뭇가지를 오른쪽 왼쪽으로 아주 빠르게 흔들었다. 그러자 공이 너무 빨라 학생들은 공의 위치를 정확하게 알 수 없었다. 나뭇가지를 더 빠르게 움직이자 학생들의 눈에 공이 여러 개인 것처럼 보였다.

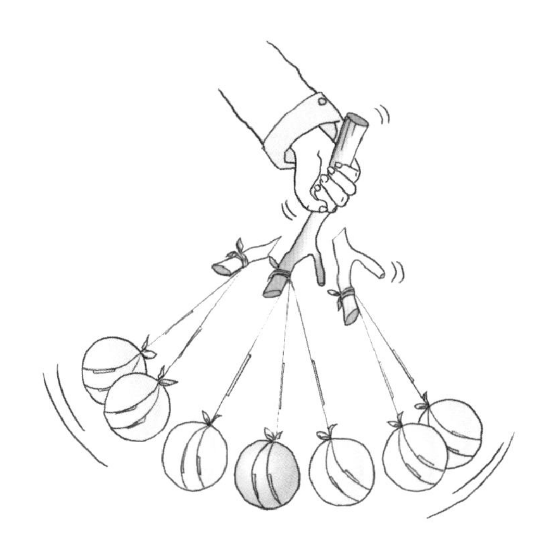

공이 빨라졌다는 것은 공의 속도가 커졌다는 것을 말합니다. 속도가 커지니까 공이 여러 개로 보이지요? 사실은 하나의 공인데 말입니다. 그러므로 여러분은 이제 공의 정확한 위치보다는 공이 어느 위치에 있을 가능성, 즉 확률을 생각해야 할 것입니다. 여러분의 눈에 공이 2개로 보인다면 2개의 공이 보이는 위치에 공이 있을 확률이 높은 것입니다.

예를 들어, 그림과 같이 6cm 떨어진 두 벽 사이에 공이 있다고 해 봅시다. 공은 아주 작아서 거의 점에 가깝다고 가정해 보지요.

공이 가운데 정지해 있다면 여러분은 공의 위치를 정확하게 알 수 있습니다. 이제부터 공의 위치를 왼쪽 벽으로부터

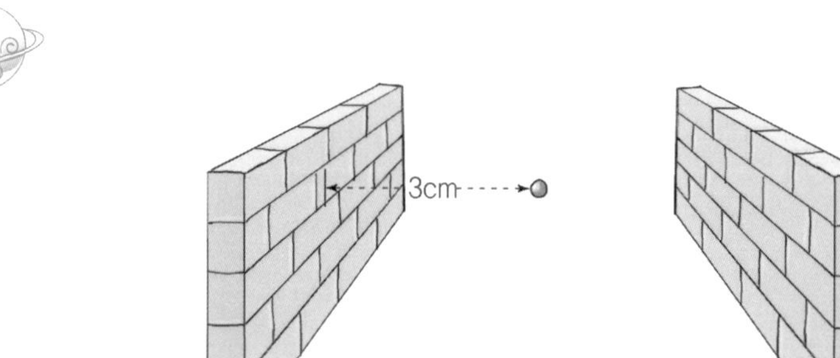

3cm의 거리로 나타내 보겠습니다. 이때 공이 3cm 위치에 있을 확률은 1이고 다른 위치에 있을 확률은 0입니다. 그러니까 각 위치에 공이 있을 확률을 막대 그래프로 나타내면 다음과 같지요.

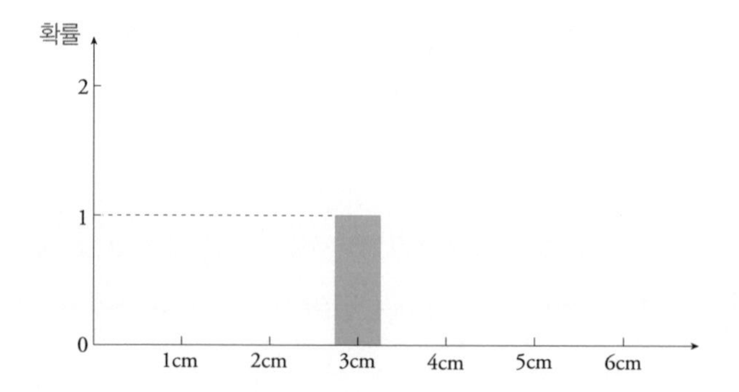

확률이 1이라는 것은 그 사건이 항상 일어난다는 것입니다. 다시 말해 그 사건 이외의 다른 경우는 일어나지 않는다

는 것을 의미합니다.

예를 들어, 동전을 바닥에 던졌을 때 동전의 앞면 또는 뒷면이 나오는 사건을 생각해 보지요. 어떻게 던지든간에 동전은 앞면이 보이거나 뒷면이 보일 것입니다. 그러니까 동전 1개를 던졌을 때 앞면이거나 뒷면이 보일 확률은 1인 것이지요. 이것은 동전을 2개, 3개 던질 때도 마찬가지입니다.

이때 우리는 다음번에 던지는 동전에 대해 앞면 또는 뒷면이 나온다고 확신할 수 있습니다.

앞선 예에서 공이 3cm 위치에 정지해 있으므로 공을 그 위치에서 관측할 확률이 1이라고 했지요. 이때 공의 위치에 대해서는 오차가 조금도 생기지 않습니다. 그러니까 위치 오차는 0인 셈이지요. 하지만 이것은 불확정성 원리와 맞지 않습니다. 불확정성 원리에 의하면 공이 이렇게 정지해 있을 수는 없으니까요. 즉, 공은 아주 조금씩이라도 움직이고 있어야 합니다. 물론 공이 관측할 수 없을 정도로 아주 작은 거리를 움직인다면 우리 눈에는 공이 움직이고 있어도 정지해 있는 것처럼 보이겠지요.

이제 공이 두 벽 사이에서 빠르게 움직이고 있다고 가정합시다. 그래서 공의 움직임을 여러분의 눈으로 정확하게 좇아갈 수 없다고 해 보지요. 이때 공이 대부분 3cm 위치에 있는

것처럼 보이지만 다른 위치에 있는 것처럼 보이기도 할 것입니다.

예를 들어, 여러분이 공의 위치를 10회 관측했는데, 공이 있을 것으로 생각한 위치가 나타난 횟수가 다음 표와 같다고 합시다.

위치(cm)	0	1	2	3	4	5	6
횟수(회)	0	1	2	4	2	1	0

이렇게 다른 위치에 공이 있는 것으로 관찰되는 이유는 여러분의 눈이 공의 움직임을 정확하게 따라가지 못하기 때문입니다. 그러니까 불확정성 원리에 의해 전자의 위치를 정확하게 알 수 없는 것과 비슷한 상황이지요. 이때 여러분은 각 위치에 공이 있을 확률을 계산할 수 있습니다.

예를 들어, 공이 3cm 위치에 있을 확률은 $\frac{4}{10}$이고 공이 2cm 위치에 있을 확률은 $\frac{2}{10}$가 됩니다. 모든 확률을 써 보면 다음 표와 같습니다.

위치(cm)	0	1	2	3	4	5	6
횟수(회)	0	$\frac{1}{10}$	$\frac{2}{10}$	$\frac{4}{10}$	$\frac{2}{10}$	$\frac{1}{10}$	0

이 확률을 각 위치에 대해 막대 그래프로 그리면 다음과 같습니다.

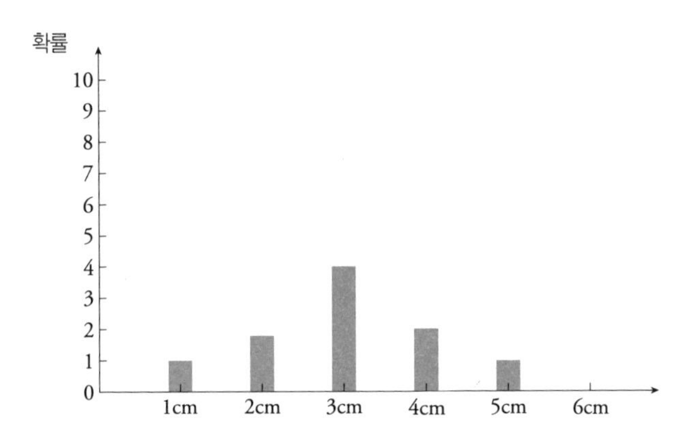

공이 3cm 위치에 있을 확률이 가장 높긴 하지만 그렇다고 공이 3cm 위치에 반드시 있다고 말할 수는 없겠군요. 이것이 바로 불확정성 원리입니다. 그러니까 확률이 높은 위치는 알 수 있어도 정확한 위치는 알 수 없지요.

여러분이 공의 위치를 정확하게 관측할 수 있으면 공은 점처럼 작게 보이게 됩니다. 하지만 예처럼 매 시각 공이 어느 위치에 있는지를 정확하게 알 수 없다면, 공이 어느 위치에 있을 확률만을 알 수 있을 뿐입니다.

이때 공은 확률이 높은 위치에서는 선명하게 보이고 확률이 낮은 위치에서는 희미하게 보일 것입니다. 선명해 보이는 부분과 희미하게 보이는 부분이 함께 달라붙어 공은 벽과 벽 사이에 안개처럼 퍼져 보이지요. 이것이 불확정성 원리에 의해 물체의 위치를 정확하게 관측할 수 없을 때 여러분의 눈에 보이는 물체의 모습입니다.

공이 좀 더 빨라지면 어떻게 될까요? 공이 전보다 빠르게 움직일 때 0.5cm 간격으로 막대를 놓고 공을 20회 관찰해서 공이 보이는 횟수를 기록했더니 다음표와 같았습니다.

위치 (cm)	0	0.5	1	1.5	2	2.5	3	3.5	4	4.5	5	5.5	6
횟수 (회)	0	1	2	4	2	1	0	1	2	4	2	1	0

이 표를 이용하여 각 위치에 공이 있을 확률을 구하면 다음 표와 같습니다.

위치 (cm)	0	0.5	1	1.5	2	2.5	3	3.5	4	4.5	5	5.5	6
횟수 (회)	0	$\frac{1}{20}$	$\frac{2}{20}$	$\frac{4}{20}$	$\frac{2}{20}$	$\frac{1}{20}$	0	$\frac{1}{20}$	$\frac{2}{20}$	$\frac{4}{20}$	$\frac{2}{20}$	$\frac{1}{20}$	0

또한 이 확률을 각 위치에 대해 막대 그래프로 그리면 다음과 같습니다.

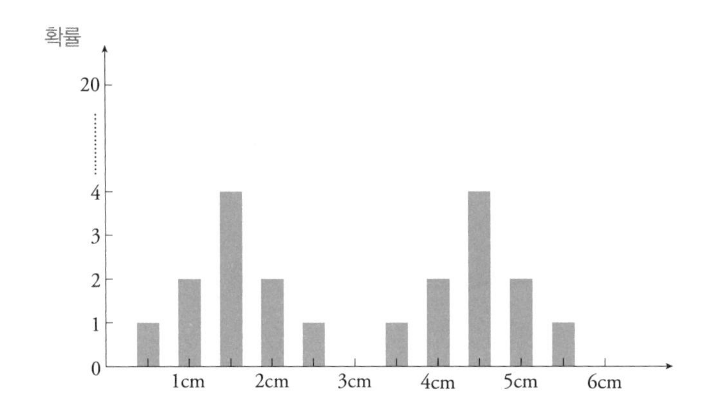

공이 1.5cm 위치에 있을 확률과 4.5cm 위치에 있을 확률이 가장 높지요? 공은 분명히 1개가 움직이는데 공이 있을 확률이 가장 높은 위치는 2군데입니다. 그러니까 여러분의 눈에 공이 2개인 것처럼 보이게 될 것입니다.

이때도 공은 1.5cm 위치와 4.5cm 위치에서 가장 선명하고 그 주위의 위치에서는 희미하게 보이므로 정확한 공의 모습을 볼 수 없습니다.

이렇게 불확정성 원리에 의하면 물체의 위치를 정확하게 알 수 없고, 또한 물체의 속도가 빠를수록 물체는 여러 개로 보이게 됩니다.

원자 속의 전자들도 마찬가지입니다. 우리는 전자가 어느 위치에 있는지를 정확하게 알 수 없습니다. 하지만 전자가 있을 확률이 가장 높은 위치는 알 수 있지요. 그러니까 전자의 위치는 '어느 위치에 있을 확률'로 나타내야 합니다.

예를 들어, 수소 원자의 경우 전자의 에너지가 가장 작을 때 전자가 있을 것처럼 여겨지는 곳을 점으로 표시하면, 그림처럼 전자가 수소 원자의 핵 주위에 구름처럼 퍼져 있는 모양이 됩니다.

과학자의 비밀노트

전자구름(electron cloud)

전자가 원자핵 주위에 존재할 확률을 점으로 나타낸 모습이다. 전자가 핵 주위에 구름처럼 퍼져 있는 것처럼 보이는 데서 이름이 붙여졌다. 전자가 존재할 확률은 전자구름을 이루는 점들의 밀도에 비례한다.

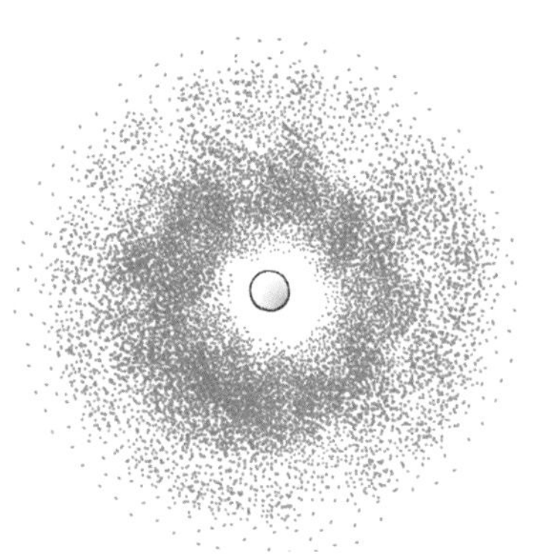

전자구름

전자가 벽을 뚫어요

물체의 위치를 정확하게 알 수 없기 때문에 신기한 일들이 많이 벌어집니다.

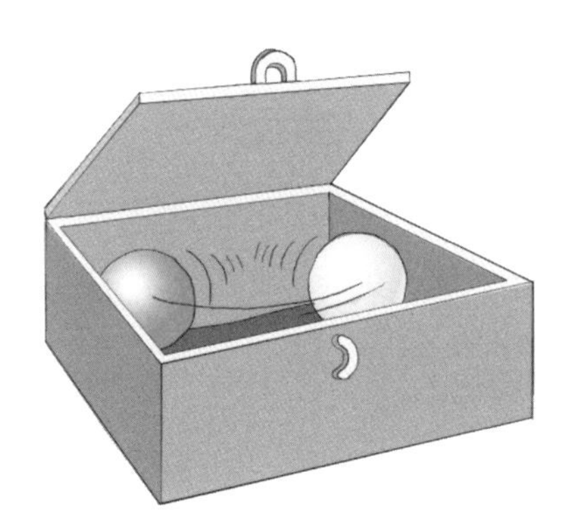

예를 들어, 다음 그림과 같이 뚜껑이 열린 상자 속에서 공이 양쪽 벽 사이를 왕복하고 있다고 가정해 봅시다.

이때 벽이 튼튼하다면 공은 벽을 통과하여 밖으로 도망칠 수 없습니다. 물론 공이 갑자기 담을 뛰어넘어 밖으로 나갈 수도 없지요.

하지만 불확정성 원리에 의하면 우리는 공의 정확한 위치를 모릅니다. 다만 공이 벽 안에서 왕복 운동을 할 확률이 높다는 것만 알 뿐이지요. 그러므로 이 공은 아주 작은 확률이긴 해도, 벽을 통과하여 밖으로 도망칠 수도 있습니다.

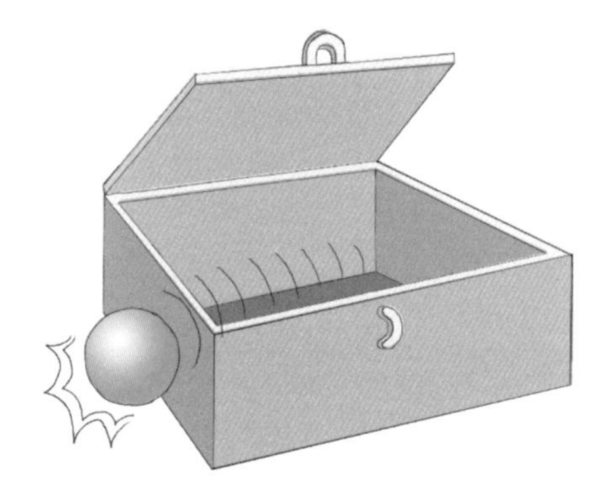

만화로 본문 읽기

선생님, 지난 시간에 불확정성 원리에 의하면 전자의 위치를 알 수가 없다고 하셨죠?
네, 그래요. 하지만 확률을 이용하면 전자가 있을 확률이 가장 높은 위치를 알 수 있지요?

확률이요.
자, 여기 추가 있어요. 이걸 흔들어 볼 테니 추의 위치를 알아보세요.

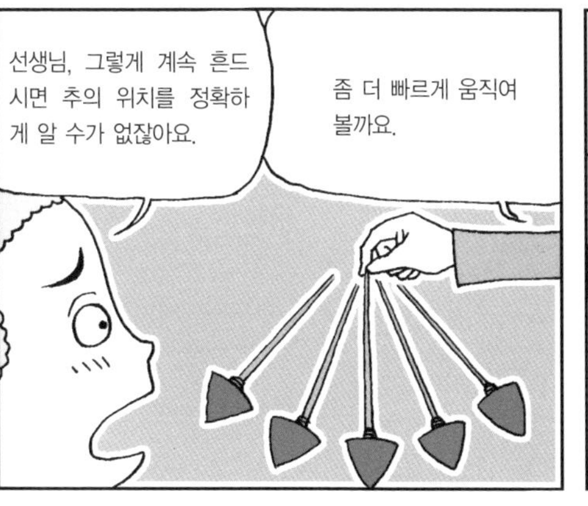

선생님, 그렇게 계속 흔드시면 추의 위치를 정확하게 알 수가 없잖아요.
좀 더 빠르게 움직여 볼까요.

선생님. 이제는 아예 추가 여러 개로 보여요.
하나의 추인데 속도가 커지
까 여러 개로 보이죠?
그러므로 추의 정확한 위치
다는 어느 위치에 있을 가능
즉 확률을 생각하는 것이
편하답니다.

원자 속의 전자들도 마찬가지예요. 우리는 전자가 어느 위치에 있는지를 정확하게 알 수 없어요. 하지만 전자가 있을 확률이 가장 높은 위치는 알 수 있지요.

예를 들어, 수소 원자의 경우 전자의 에너지가 가장 작을 때 전자가 있을 것으로 생각되는 지점을 점으로 표시하면, 원자핵 주위에 전자가 구름처럼 퍼져 있는 모양이 된답니다.
핵

일곱 번째 수업

7

원자핵에는 누가 살까요?

원자핵에는 (+)전기를 띤 알갱이들만 살까요?
아니면 그렇지 않은 알갱이들도 살고 있을까요?

일곱 번째 수업

원자핵에는 누가 살까요?

교과 연계

중등 과학 3	3. 물질의 구성
고등 과학 1	3. 물질
고등 물리 II	3. 원자와 원자핵
고등 화학 II	2. 물질의 구조

파인먼이 즐거운 표정으로 일곱 번째 수업을 시작했다.

오늘은 원자핵 속으로 여행을 해 봅시다. 원자핵 속에는 어떤 친구들이 살고 있을까요?

화학자들은 여러 가지 원자들의 질량을 비교하여 가벼운 것부터 차례로 원자 번호를 매겼습니다. 수소는 1번, 헬륨은 2번, 리튬은 3번, 베릴륨은 4번, 붕소는 5번, 탄소는 6번, 질소는 7번…… 이런 식이지요.

가장 가벼운 수소의 질량을 1로 놓았을 때, 그다음으로 가벼운 몇몇 원자들의 질량을 나열하면 다음과 같습니다.

수소	헬륨	리튬	베릴륨	붕소	탄소	질소	산소
1	4	6	8	10	12	14	16

원자는 자신의 원자 번호의 수만큼 전자를 가질 수 있습니다. 그러니까 수소는 전자를 1개 가질 수 있지요. 전자는 (−) 전기를 띠고 있는데, 전자 1개가 가지는 전기의 양을 −1이라고 합시다. 그렇다면 수소의 원자핵은 전자와 크기는 같으면서 부호가 반대인 (+)전기를 띠어야 합니다. 즉, 수소 원자핵의 전기는 +1입니다. 보통 때 수소 원자는 (+)전기와 (−)전기가 균형을 이루어 전기를 띠지 않습니다.

전자의 질량은 수소 원자핵 질량의 $\frac{1}{1,840}$ 정도로 작습니다. 즉, 전자의 질량은 너무 작아 무시할 수 있지요. 그러므로 원자의 질량은 거의 원자핵의 질량이라고 할 수 있습니다.

위의 표를 보면 원자핵의 질량은 수소 질량의 자연수 배가 됩니다. 원자핵들이 제멋대로 생겼다면 이런 일은 불가능했겠지요.

파인먼은 파랑 구슬과 빨강 구슬이 여러 개 들어 있는 통을 학생들 앞에 내놓았다.

이 구슬들은 모두 같은 질량을 가지고 있습니다. 이 파란 구슬 하나를 수소의 원자핵이라고 해 봅시다. 왜 2종류의 색깔 구슬을 사용했는지는 나중에 설명할 거예요.

파인먼이 4개의 구슬을 꺼냈다. 2개는 파랑이고 2개는 빨강이었다. 파인먼은 4개의 구슬을 접착제로 붙였다.

이것은 바로 헬륨의 원자핵입니다. 4개의 구슬을 붙여 만들었으니까 구슬 하나 질량의 4배가 되지요.

수소의 원자핵은 (+)전기를 띠는 가장 작은 알갱이가 되어야 합니다. 이것을 양성자라고 합니다. 앞에서 얘기한 파랑 구슬이 바로 양성자입니다. 그러니까 수소는 양성자 주위에 전자 1개가 돌고 있는 가장 간단한 원자입니다.

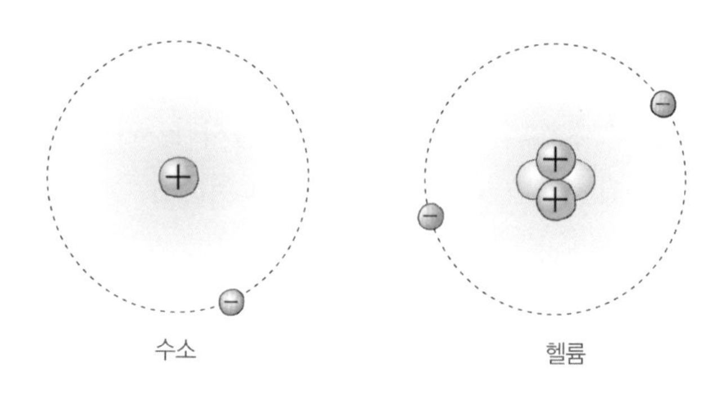

하지만 이상하군요. 헬륨의 원자핵의 질량은 수소의 원자핵 질량의 4배이니까 양성자가 4개란 말인가요? 그렇게 되면 전자는 2개이고 양성자는 4개가 되어 (−)전기의 총합은 −2가 되고 (+)전기의 총합은 +4가 되니까, 전체 전기는 (−2) + (+4) = (+2)가 됩니다. 그럼 모든 헬륨이 (+)전기를 띠고 있다는 얘긴데……, 그럴 수는 없지요.

혹시 원자핵 속에 다른 무언가가 있을까요? 물론입니다. 원자핵 속에는 (+)전기를 띤 양성자뿐 아니라, 전기를 띠지 않지만 질량은 양성자와 거의 똑같은 알갱이가 살고 있습니다. 그것을 중성자라고 합니다. 앞에서 얘기한 빨강 구슬이 바로 중성자입니다. 그러니까 헬륨 원자의 핵은 양성자 2개와 중성자 2개로 이루어져 있습니다.

무거운 원자와 가벼운 원자

수소 다음으로 가벼운 원자는 헬륨입니다. 그런데 이상하게도 헬륨은 수소 질량의 2배가 아니라 4배입니다. 그렇다면 수소 원자 질량의 2배인 원자는 없을까요?

파인먼은 파랑 구슬 1개와 빨강 구슬 1개를 접착제로 붙여 학생들에게 보여 주었다.

이 원자핵은 양성자 1개와 중성자 1개로 이루어져 있습니다. 양성자가 1개이므로 주위에 전자가 1개 있습니다.

이 원자의 질량은 수소 질량의 2배이지요. 그런데 전자의 개수가 하나이므로 화학적으로는 수소와 똑같이 행동합니다. 하지만 수소보다는 2배 무겁지요. 이 원자를 '무거운 수소'라

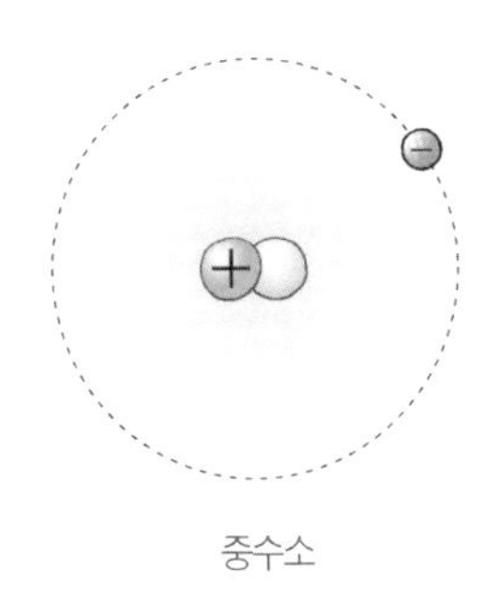

중수소

는 뜻에서 '무거울 중(重)' 자를 붙여 중수소라고 합니다.

물은 수소 원자 2개와 산소 원자 1개로 이루어져 있습니다. 중수소 원자 2개와 산소 원자 1개로 이루어진 물도 있을까요? 이것은 물과 비슷하면서 물보다 무겁기 때문에 '무거운 물'이라는 뜻으로 중수라고 합니다.

다음 두 원자를 보세요.

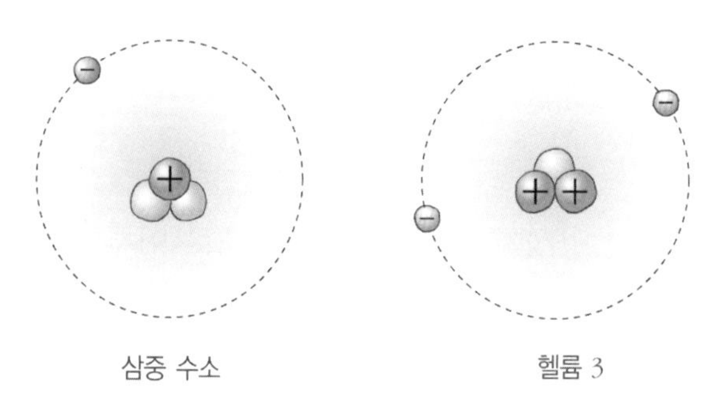

두 원자는 모두 수소 원자 3배의 질량을 가지고 있습니다. 그런데 왼쪽 원자는 전자가 하나이고, 원자핵 속에는 양성자 1개와 중성자 2개가 있습니다. 이 원자는 수소와 성질이 비슷한데 수소보다는 3배 무겁습니다. 이것을 '3배 무거운 수소'라는 뜻에서 삼중 수소라고 합니다.

오른쪽 원자는 전자가 2개이고 원자핵 속에는 양성자가 2개, 중성자가 1개입니다. 그러므로 이 원자는 헬륨과 성질이 비슷합니다. 이 원자를 헬륨 3이라고 하지요.

만화로 본문 읽기

박사님, 과학자들은 수소 1번, 헬륨 2번, 리튬 3번… 이런 식으로 원자 번호를 매겼는데 어떤 의미가 있는 건가요?

원자는 자기 번호만큼 전자를 가질 수 있어요. 전자 1개가 가지는 전기의 양이 -1이라면, 수소 원자핵은 +1이에요. 보통 수소 원자는 (+)전기와 (-)전기가 균형을 이루어 전기를 띠지 않아요.
+
-
수소=1

그런데 전자의 질량은 너무 작아 무시할 수 있어요. 즉, 원자의 질량은 거의 원자핵의 질량이라고 할 수 있지요. 다른 원자들의 질량은 수소 질량의 자연수 배가 돼요.

그러면 헬륨은 질량이 4니까 (+)전기를 띠는 원자핵이 4개가 되겠네요?

아니요. 원자핵 속에는 (+)전를 띤 알갱이뿐 아니라, 전기 띠지 않지만 질량은 (+)전기 띤 알갱이와 거의 똑같은 또 른 알갱이가 살고 있어요.

우리는 원자핵에서 (+)전기를 띠는 알갱이의 이름을 '양성자', 전기를 띠지 않지만 질량은 양성자와 거의 똑같은 알갱이를 '중성자'라고 불러요.
아! 그렇군요.
중성자
양성자

전자의 개수가 하나라서 화학적으로는 수소와 똑같이 행동하지만, 양성자 1개와 중성자 1개로 되어 있어 수소보다는 2배 무거운 원자도 있어요. 이 원자를 '중수소'라고 부르죠.

중수소

여 덟 번 째 수 업

8

원자핵 속에서는 어떤 일이 벌어질까요?

원자핵 속에는 양성자와 중성자가 살고 있습니다.
양성자들은 같은 전기를 띠고 있으면서도 서로를 밀어내지 않습니다.
그 이유는 무엇일까요?

여덟 번째 수업

원자핵 속에서는 어떤 일이 벌어질까요?

교.	초등 과학 5-2	8. 에너지
과.	초등 과학 3-1	2. 자석의 성질
연.	중등 과학 2	7. 전기의 발생
계.	중등 과학 3	3. 물질의 구성
	고등 과학 1	1. 에너지
	고등 물리 Ⅱ	3. 원자와 원자핵

파인먼이 원자핵에 대한 이야기로 여덟 번째 수업을 시작했다.

핵 속에는 (+)전기를 띤 양성자와 전기를 띠지 않은 중성자들이 산다고 했지요. 예를 들어, 우라늄 원자핵을 봅시다. 우라늄의 원자 번호가 92번이므로 원자핵 속에는 92개의 양성자가 있습니다. 또한 우라늄의 질량은 수소 질량의 238배이니까 우라늄의 원자핵 속에는 146개의 중성자가 살고 있습니다.

그렇다면 어떻게 조그만 핵 속에서 같은 부호의 전기를 띤 양성자들이 서로 밀어내지 않고 함께 존재하고 있는 걸까요?

같은 전기를 띤 물체들 사이에는 서로를 미는 힘이 작용한다.

자, 이제 비유를 들어 봅시다.

파인먼은 막대자석 2개를 가지고 왔다. 그는 책상 위에서 자석을 N극끼리 붙여 보려고 시도했다. 그러자 두 자석은 서로 밀어내는 힘에 의해 튕겨 나갔다.

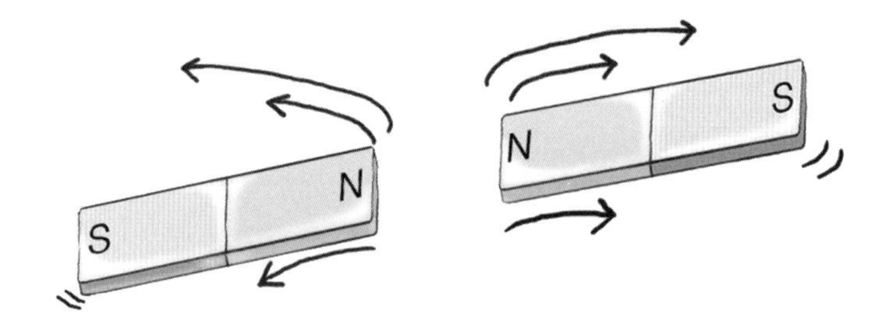

자석의 같은 극끼리는 서로를 밀어내는 힘이 작용해서 붙어 있을 수 없습니다. 이 두 자석을 같은 극끼리 붙어 있게 하려면 어떻게 해야 할까요?

파인먼은 두 자석의 N극을 서로 마주 보게 한 후 있는 힘껏 밀었다. 자석은 파인먼이 미는 힘 때문에 튕겨 나가지 않고 붙어 있었다.

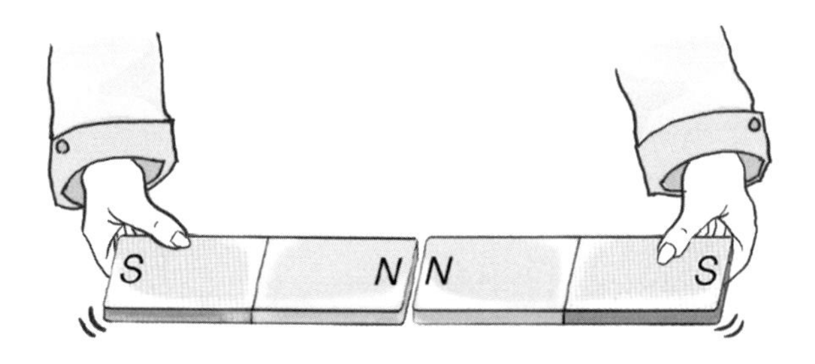

자석의 같은 극끼리 서로를 밀어내는 힘보다 더 큰 힘으로 두 자석을 밀면 자석끼리 서로 붙어 있게 됩니다. 이렇게 하나의 물체가 2개 이상의 서로 다른 종류의 힘을 받을 수 있습니다.

파인먼은 커다란 돌멩이를 밀어 보았다. 돌멩이는 꿈쩍도 하지 않았다.

돌멩이가 꿈쩍도 하지 않은 이유는 뭘까요? 그건 내가 민 힘과 다른 종류의 힘이 작용했기 때문입니다. 그 힘이 내가 민 힘과 크기는 같고 방향은 반대이기 때문이지요. 그 힘은 바로 바닥과 돌멩이 사이의 마찰력입니다.

하나의 물체에 크기는 같고 방향이 반대인 두 힘이 작용하면 물체는 움직이지 않는다. 이때 두 힘은 서로 평형 상태이다.

마찬가지로 핵 속의 양성자들 사이에는 또 다른 힘이 작용하고 있습니다. 핵 속의 양성자와 중성자들은 서로를 강하게 당기고 있는데, 이 힘을 핵력이라고 하지요. 핵력은 양성자와 양성자 사이에서 전기적으로 밀어내는 힘보다 훨씬 강하므로 많은 양성자들이 핵 속에 가까이 붙어 있을 수 있는 거예요.

핵분열

세상에는 가벼운 사람도 있고 무거운 사람도 있습니다. 무거운 사람들의 공통적인 소원은 질량을 줄이는 것입니다. 이것을 다이어트라고 하지요.

놀랍게도 원자핵들도 다이어트를 합니다. 그게 무슨 말이냐고요? 무거운 원자핵들은 쪼개져 가벼운 2개의 원자핵으로 될 수 있습니다. 이렇게 하나의 원자핵이 2개의 원자핵으로 쪼개지는 것을 핵분열이라고 합니다.

예를 들어, 우라늄을 생각해 봅시다. 우라늄의 원자핵은 무거워서 누군가 도와주기만 하면 가벼운 원자핵이 되고 싶어할 겁니다. 이제 우라늄 속으로 중성자를 아주 빠르게 던져 봅시다.

파인먼은 그림 1장을 학생들에게 보여 주었다.

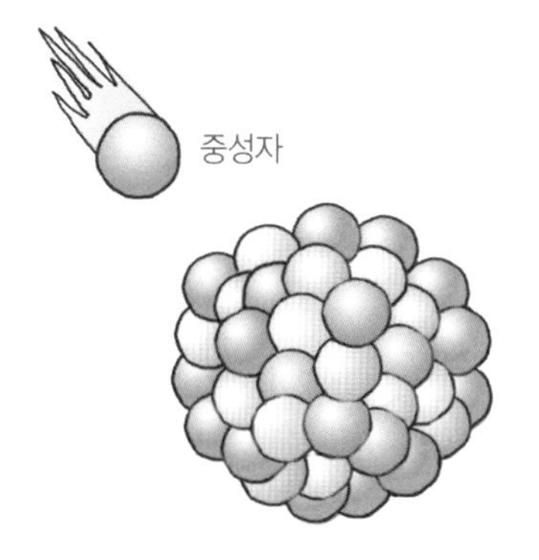

이 그림은 중성자가 우라늄 원자핵 속으로 들어가는 모습이에요.

중성자를 어떻게 빠르게 던지냐고요? 베릴륨이라는 금속에 무시무시한 방사선을 쪼이면 베릴륨 속에서 아주 빠른 속도로 중성자들이 튀어나옵니다. 그걸 이용하면 되지요.

다음 그림을 봅시다.

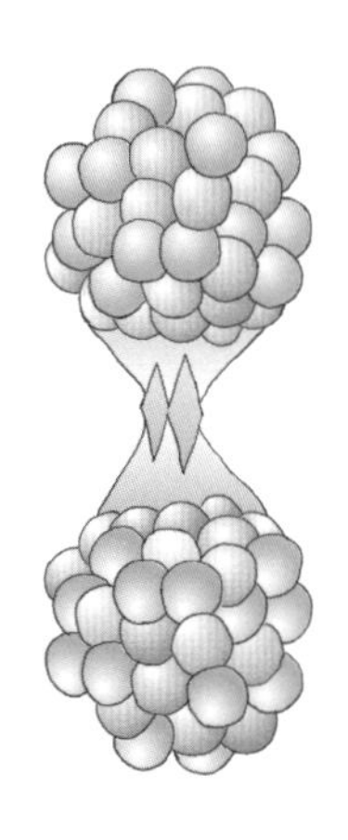

이것은 중성자가 우라늄 원자핵 중앙으로 파고들어 원자핵이 2개로 쪼개지고 있는 모습이에요. 꼭 8자 모양 같지요?

다음 그림을 볼까요?

어랏! 원자핵이 위쪽과 아래쪽으로 분리되어 버렸군요. 중성자 2개가 아주 빠르게 튀어나왔습니다. 이렇게 두 개로 분리된 부분은 새로운 원자핵을 만드는데, 하나는 바륨의 원자핵이고 다른 하나는 크립톤의 원자핵입니다. 그러니까 우라늄의 원자핵이 가벼운 원자핵 2개로 분열된 거지요.

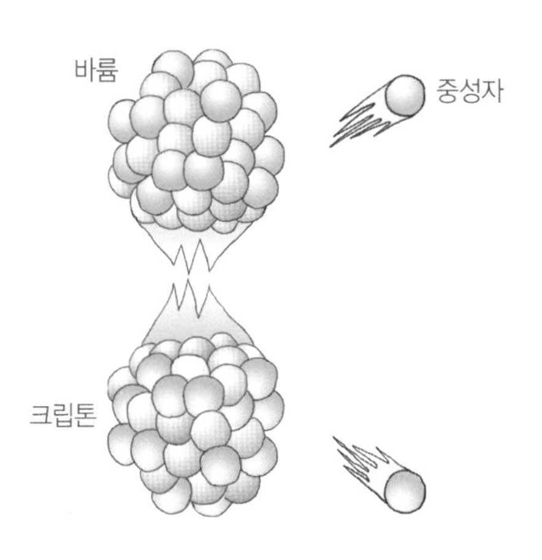

우라늄 + 중성자 → 바륨 + 크립톤 + 중성자 2개

우라늄의 원자핵이 둘로 분열되는 반응은 에너지가 나오는 반응입니다. 물론 하나의 우라늄 원자핵에 대해 그 에너지는 그리 크지 않지요.

하지만 우라늄 광물 속에는 엄청나게 많은 우라늄 원자가 있습니다. 예를 들어, 우라늄 광물 1kg에는 20×10^{24}개 정도의 우라늄 원자가 있습니다. 10^{24}은 10을 24개 곱한 수이니 얼마나 많은 원자가 있는지 알 수 있겠지요?

조금 전에 본 그림의 마지막 과정을 봅시다. 중성자 1개가 우라늄 원자핵에 들어가서 원자핵을 2개로 쪼갠 뒤 다시 2개의 중성자가 아주 빠른 속도로 튀어나옵니다. 이 2개의 중성

과학자의 비밀노트

크립톤(krypton)

단원자 분자로 존재하는 무색의 비활성 기체이다. 기호는 Kr이고 원소 번호는 36이다. 1898년 영국의 화학자 램지(William Ramsay, 1852~1916)와 트래버스(Morris Travers, 1872~1961)가 아르곤으로부터 발견하였다. 크립톤의 어원은 그리스 어로 '숨은 것'이라는 뜻의 크립토스(kryptos)에서 유래한다. 대기 중에는 극소량으로 존재한다. 다른 물질과의 화학적 반응성이 낮지만, 플루오르와 결합하여 화합물을 만들기도 한다.

자는 어디로 갈까요? 곧바로 다른 원자핵을 쪼개러 갑니다.

이렇게 2개의 중성자가 다시 2개의 원자핵을 쪼개고 나면 다시 4개의 중성자가 튀어나오고, 그것들은 다시 4개의 원자핵을 쪼개고 다시 8개의 중성자가 튀어나옵니다. 이런 식으로 튀어나오는 중성자는 2의 거듭제곱으로 불어나 우라늄의 원자핵을 연쇄적으로 분열시킬 것입니다. 그래서 이 과정을 우라늄 원자핵의 연쇄 핵분열이라고 합니다.

우라늄 1kg 속에 엄청나게 많은 원자핵이 있으므로 원자핵 하나가 둘로 쪼개지는 과정은 우라늄 원자핵의 개수만큼 일어날 것입니다.

하나의 원자핵이 분열될 때 에너지는 그리 크지 않지만 이렇게 많은 원자핵이 순식간에 분열되면 이때 발생하는 에너지는 엄청나게 크겠지요. 이 엄청난 에너지를 폭탄으로 사용한 것이 바로 원자 폭탄입니다. 우라늄 1kg이 연쇄 핵분열을 일으킬 때 나오는 에너지는 석탄 300만 t을 동시에 태웠을 때 나오는 에너지와 같지요.

하지만 이 에너지를 무기로 사용하지 않고 좋은 일에 쓸 수도 있습니다. 그것이 바로 원자력 발전입니다.

핵분열할 때 나오는 에너지가 엄청나게 크다고 얘기했지요? 우리가 전기를 만들 때를 생각해 봅시다. 전기를 만들려면 에너지로 수차를 돌려 주어야 합니다. 수력 발전은 높은 곳에서 떨어지는 물의 에너지를 이용하여 바닥에 있는 수차를 돌리고, 화력 발전은 석탄이나 석유를 태워 그 에너지에

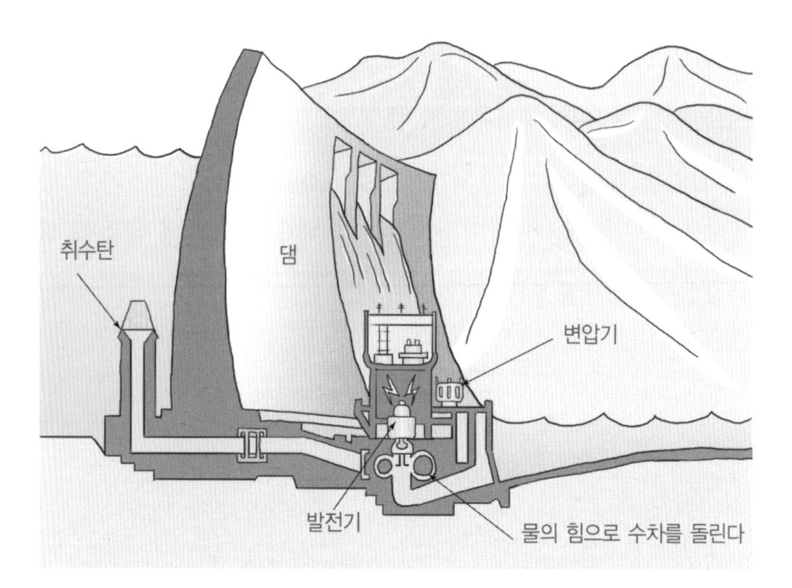

의해 생기는 증기의 힘으로 수차를 돌립니다.

우라늄 1kg을 핵분열시킬 때 나오는 에너지가 석탄 300만 t을 동시에 태울 때 나오는 에너지와 같으니까, 이 에너지를 순식간에 사용하지 말고 조금씩 사용하여 그 에너지로 수차를 돌려 전기를 만드는 것이 바로 원자력 발전이지요.

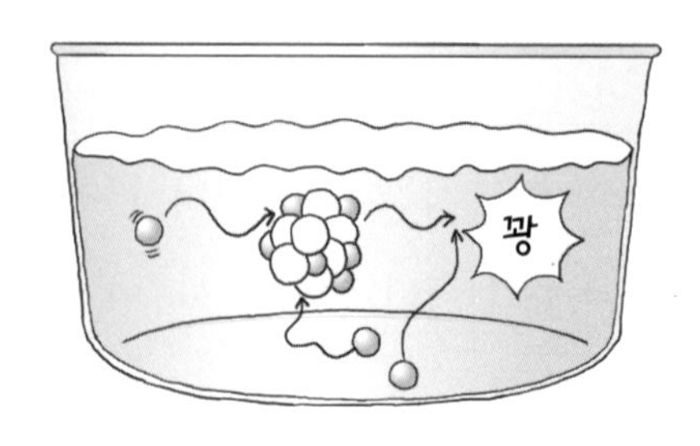

어떻게 중성자들이 원자핵을 천천히 쪼개도록 할 수 있을까요? 그것은 중성자들을 느리게 움직이도록 하는 것입니다. 중성자는 물속에서 느리게 움직이지요. 그러니까 물속에서 원자핵 분열을 시키면 중성자가 원자핵을 둘로 쪼개는 반응이 느려지므로 에너지가 천천히 발생합니다.

핵융합 이야기

무거운 원자핵이 쪼개져서 가벼운 원자핵들이 되는 것이 '핵분열'입니다. 그렇다면 가벼운 원자들이 합쳐져서 무거운 원자를 만들어 낼 수 있을까요? 정답은 "예."입니다. 이것을 핵융합이라고 하는데, 핵융합은 태양이나 별처럼 온도가 아주 뜨거운 곳에서 일어납니다.

가장 가벼운 수소를 생각해 봅시다. 아주 뜨거워지면 전자들이 원자핵으로부터 도망을 칩니다. 그러니까 수소의 원자핵(양성자)들만 덩그러니 남지요.

온도가 더 뜨거워지면 전자를 잃어버린 양성자들끼리 서로 달라붙습니다. 이때 두 양성자 중에서 하나가 중성자로 바뀌는 반응이 일어납니다. 그 후 양성자 1개와 중성자 1개로 이

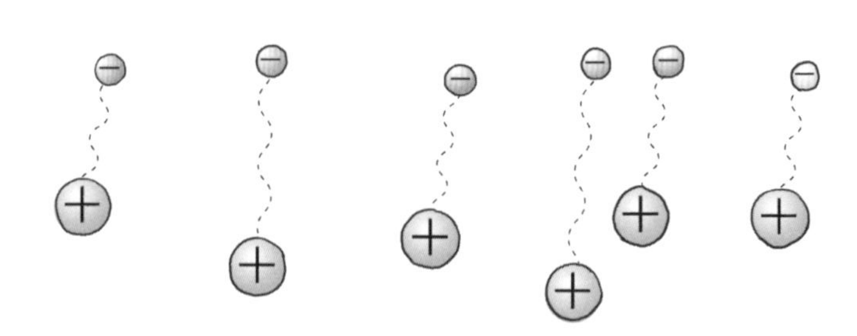

루어진 중수소의 원자핵이 만들어집니다. 이렇게 원자핵들이 달라붙어 새로운 원자핵을 만드는 반응을 핵융합이라고 합니다.

핵융합 과정에서도 에너지가 발생합니다.

수소 원자가 많다면 중수소가 엄청나게 많이 만들어지겠지요? 그러면 아주 큰 에너지가 발생하게 됩니다. 이 에너지가 핵융합 반응의 에너지입니다.

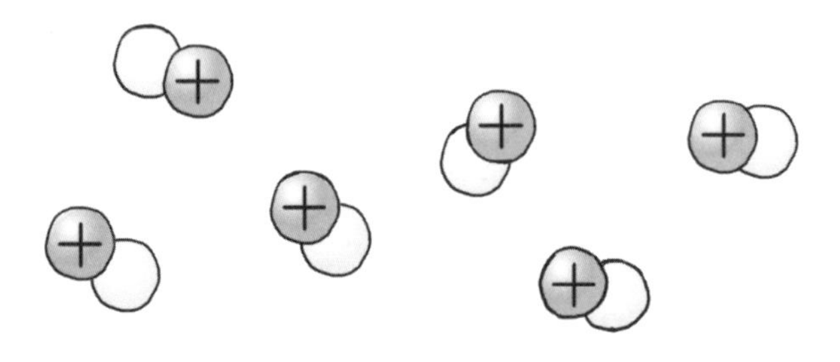

이렇게 만들어진 중수소 원자핵들도 핵융합을 합니다. 그러니까 2개의 중수소 원자핵이 달라붙어 하나의 원자핵을 만

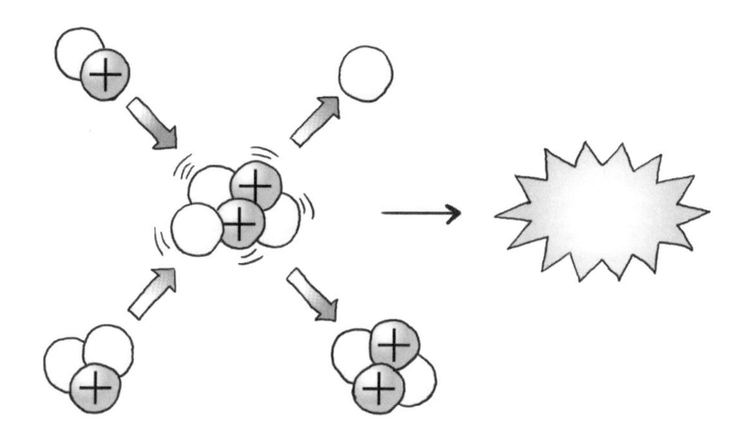

드는 것이지요. 이때 새로 만들어진 원자핵은 양성자 2개, 중성자 2개로 이루어져 있으므로 헬륨의 원자핵입니다. 물론 이 반응에서도 에너지가 발생합니다.

이런 식으로 가벼운 원자핵들끼리 달라붙는 핵융합을 통해 산소, 질소, 네온, 마그네슘, 철 등과 같은 무거운 원자핵들이 계속 만들어집니다. 물론 그러기 위해서는 태양처럼 온도가 아주 높은 곳이어야 합니다. 그러므로 핵융합 반응은 주로 태양과 같은 별에서 일어납니다.

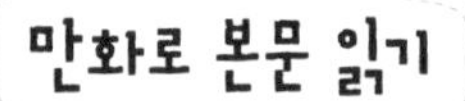
만화로 본문 읽기

이 군, 지금
하고 있나요?
끙
끙
이 물건을 치우려고 하는데, 아무리 세게 밀어도 너무 무거워 움직이질 않아요.

건 철이 군이 민 힘과 크
는 같고 방향은 반대인
즉 마찰력이 작용하기
문이에요.
하나의 물체에 크기는 같고 방향이 반대인 두 힘이 작용하면 물체는 움직이지 않아요. 이때 두 힘은 서로 평형 상태예요.
그렇군요.

그런데 조그만 핵 속에서 같은 부호의 전기를 띤 양성자들이 어떻게 서로 밀어내지 않고 함께 존재할 수 있는 건가요?

를 들어 두 개의 막대자
의 같은 극끼리는 서로
어내는 힘이 작용해서
겨 나가요.
N
N

하지만 자석의 같은 극끼리 서로를 밀어내는 힘보다 더 큰 힘으로 두 자석을 밀면 자석끼리 서로 붙어 있게 되겠지요? 이렇게 하나의 물체는 두 개 이상의 서로 다른 종류의 힘을 받을 수 있어요.
N
N

마찬가지로 핵 속의 양성자 사이의 밀어내는 힘보다 훨씬 강하게 끌어당기는 힘인 핵력이 양성자와 중성자 사이에 작용하여 핵 속에 양성자들이 함께 존재할 수 있는 거예요.
그럼, 이 무거운 물건은 저보다 힘이 센 박사님이 옮겨 주세요~.

마 지 막 수 업

쿼크란 무엇일까요?

핵 속에는 양성자와 중성자가 삽니다.
양성자와 중성자가 물질을 이루는 가장 작은 알갱이일까요?

9

마지막 수업

쿼크란 무엇일까요?

교. 과. 연. 계.

고등 물리 II 3. 원자와 원자핵

고등 화학 II 2. 물질의 구조

파인먼은 아쉬운 표정으로 마지막 수업을 시작했습니다.

학생들도 파인먼과의 수업이 너무 짧았다고 여기는 듯 서운한 표정이었다.

핵 속에는 양성자와 중성자가 살고 있다고 했습니다. 그럼 양성자와 중성자는 더 이상 쪼개지지 않는 가장 작은 입자일까요?

그렇지는 않습니다.

파인먼은 학생들에게 파란 공과 빨간 공을 보여 주었다.

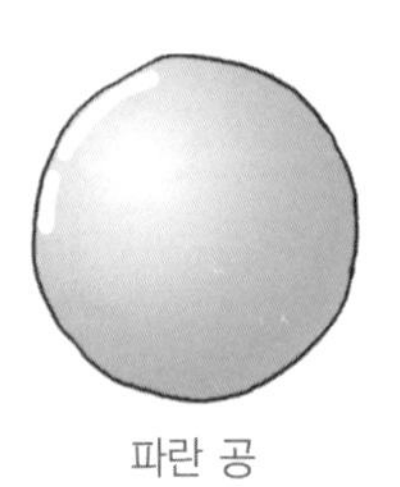

파란 공

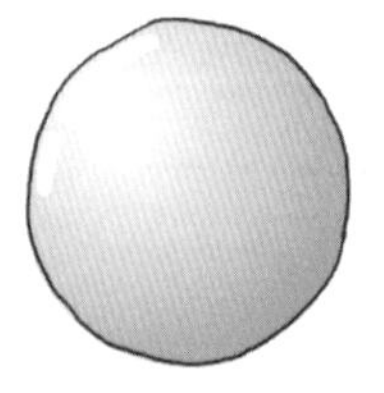

빨간 공

이 두 공은 크기와 질량이 같습니다. 두 공을 흔들어 보세요.

학생들이 공을 흔들자 덜그럭거리는 소리가 들렸다. 공 속에서 무언가가 서로 부딪치는 소리 같았다.

공 안에 뭔가가 있지요? 하지만 이 공을 깨기 전에는 공 안에 무엇이 들어 있는지 알 수 없어요. 그리고 아주 멀리서 보면 이 2개의 공은 너무 작아서 더 이상 쪼갤 수 없는 작은 알갱이처럼 보이겠지요.

이 2개의 공을 양성자와 중성자라고 생각하면 됩니다. 파란 공을 양성자, 빨간 공을 중성자라고 생각합시다. 이 공 안에 무엇이 들어 있는지 궁금하지요? 어떻게 하면 공 안에 들어 있는 것을 볼 수 있을까요?

학생들은 공을 만지작거리면서 손으로 공을 쳐 보기도 하고 벽에 공을 던져 보기도 하면서 공을 깨려고 시도했다. 하지만 공은 단단해서 흠집조차 생기지 않았다.

단단한 것을 깨기 위해서는 큰 충격이 필요합니다. 큰 충격을 주기 위해서는 두 공을 아주 빠르게 충돌시키는 방법이 제일 좋습니다.

파인먼은 학생들을 데리고 자동 야구 연습장으로 가서 자동으로 야구공을 던지는 기계 중 가장 빠르게 던지는 기계에 파란 공을 넣었다. 그리고 파란 공이 튀어나와 날아가는 위치에 빨간 공을 단단히 고정시켜 놓았다. 파란 공이 엄청난 속도로 튀어나와 벽에 붙어 있는 빨간 공과 충돌하여, 2개의 공이 부서지면서 각각의 공 속에서 3개의 조그만 구슬이 공중으로 튀어 올랐다.

2개의 공이 깨졌군요. 파란 공과 빨간 공 속에 조그만 세 개의 구슬이 들어 있지요? 이 작은 공들은 양성자와 중성자를 만드는 기본이 되는 작은 알갱이들입니다. 이것을 쿼크라고 하지요.

파인먼은 두 공에서 나온 3개의 작은 구슬을 깨진 공 옆에 놓았다.

어떤 구슬에는 업(up)이라고 쓰여 있고, 어떤 구슬에는 다운(down)이라고 쓰여 있군요. 이것은 서로 다른 종류의 쿼크를 나타냅니다. '업'이 쓰인 구슬은 업 쿼크를, '다운'이 쓰인 쿼크는 다운 쿼크를 나타내지요.

양성자는 2개의 업 쿼크와 1개의 다운 쿼크로 이루어져 있고, 중성자는 2개의 다운 쿼크와 1개의 업 쿼크로 이루어져 있습니다. 업 쿼크의 질량이 다운 쿼크의 질량과 거의 같기 때문에 양성자의 질량과 중성자의 질량이 거의 같은 거예요.

업 쿼크와 다운 쿼크는 전기를 띨까요? 띠고 있다면 얼마의 전기를 가지고 있을까요? 양성자의 전기는 +1이고, 중성자는 전기를 띠지 않으니까 0이 되어야 합니다.

업 쿼크와 다운 쿼크의 전기를 모르니까 업 쿼크의 전기를 A, 다운 쿼크의 전기를 B라고 합시다. 업 쿼크 2개와 다운 쿼크 1개가 모여 양성자를 이루므로 이들이 가진 전기의 합은 +1이 되어야 합니다.

$2A + B = +1$ …… ①

중성자는 업 쿼크 1개와 다운 쿼크 2개로 이루어져 있고 이들 전기의 합은 0이 되어야 합니다.

$A + 2B = 0$ …… ②

두 식에서 A, B를 구해 봅시다. ②에서 $A = -2B$입니다. 이 관계를 ①에 넣으면 $-3B = 1$이므로 $B = -\frac{1}{3}$이 됩니다. 같은 방법으로 $A = +\frac{2}{3}$가 됩니다. 신기하게도 업 쿼크와 다운 쿼크는 분수 전기를 가지고 있습니다.

이제 물질을 이루는 가장 작은 알갱이가 쿼크라는 것을 알았습니다. 그런데 쿼크에는 업 쿼크와 다운 쿼크 외에도 스트레인지 쿼크, 참 쿼크, 보텀 쿼크, 톱 쿼크 4가지 종류가 더 있어 모두 6종류입니다.

입자 가속기

어떻게 양성자나 중성자가 3개의 쿼크로 이루어져 있다는 것을 알아냈을까요? 파란 공과 빨간 공을 충돌시켜 그 속에 들어 있는 3개의 구슬을 알아냈듯이, 물리학자들은 양성자를 아주 빠르게 움직이도록 하여 정지해 있는 다른 양성자와 충돌시키는 실험을 했습니다. 그러기 위해서는 양성자를 아주 빠르게 움직이도록 해야 하는데, 그런 장치를 입자 가속기라고 합니다.

달리는 말을 점점 빨리 달리도록 하려면 자꾸 채찍질을 해 주어야 합니다. 마찬가지로 양성자가 점점 빠르게 돌게 하려

과학자의 비밀노트

입자 가속기

대전 입자를 전자기장 속에서 전자기력으로 가속시키는 장치. 그 가속된 입자를 다른 소립자와 충돌시켜 소립자와 같은 입자의 내부 구조를 연구한다. 원형 가속기(싱크로트론), 선형 가속기, 방사광 가속기 등이 있다. 오늘날에는 의학 연구 및 진단용으로 활용 범위가 점점 넓어지고 있다. 유럽 입자물리연구소(CERN)의 거대 하드론 충돌 장치(LHC), 독일 전자 싱크로트론, 미국 스탠퍼드 선형가속기센터(SLAC) 등이 유명하다. 우리나라에는 포항 방사 광가속기가 대표적이다.

면 양성자에게 힘을 작용시켜야 합니다.

가장 쉬운 방법은 양성자가 전기를 띠고 있으므로 양성자가 움직이는 곳에 센 자석을 놓으면 큰 자기력을 받아 점점 빨라집니다.

이런 방법에 의해 원을 돌면서 점점 빨라진 양성자는 아주 큰 에너지를 가지게 되고, 이것이 정지해 있는 다른 양성자와 충돌하면 양성자를 이루고 있는 3개의 쿼크들이 튀어나오게 됩니다. 이렇게 하여 우리는 양성자가 3개의 쿼크로 이루어져 있다는 것을 알아냈습니다.

만화로 본문 읽기

박사님, 물질을 이루는 가장 작은 알갱이는 핵속의 양성자나 중성자인가요?
쾅 쾅

아니요. 양성자와 중성자는 더 작은 물질로 쪼갤 수가 있어요.
정말요?

양성자와 중성자를 만드는 기본이 되는 작은 알갱이들을 쿼크라고 해요. 양성자는 2개의 업 쿼크와 1개의 다운 쿼크로 이루어져 있고, 중성자는 2개의 다운 쿼크와 1개의 업 쿼크로 이루어져 있어요.
up up Down
양성자
up Down Down
중성자

업 쿼크의 질량이 다운 쿼크의 질량과 거의 같기 때문에 양성자의 질량과 중성자의 질량이 거의 같아요. 그런데 쿼크에는 업 쿼크와 다운 쿼크 외에도 4가지 종류가 더 있답니다.
그럼 모두 6종류이겠군요?
up down strange
charm top bottom

그런데 어떻게 양성자나 중성자에서 쿼크를 나오게 할 수 있지요?
물리학자들은 양성자를 아주 빠르게 움직이도록 하는 기계를 만들었어요. 그런 장치를 입자 가속기라고 해요.

입자 가속기를 이용하면 양성자는 아주 큰 에너지를 가지게 되고, 다른 양성자와 충돌하면 양성자를 이루고 있는 세 개의 쿼크들이 튀어나오게 돼요. 이렇게 양성자는 세 개의 쿼크로 이루어져 있는 것이죠.
up Down up

부 록

불확정성 나라의 신데렐라

이 글은 유럽의 동화인 〈신데렐라〉를 패러디한 과학 이야기입니다.

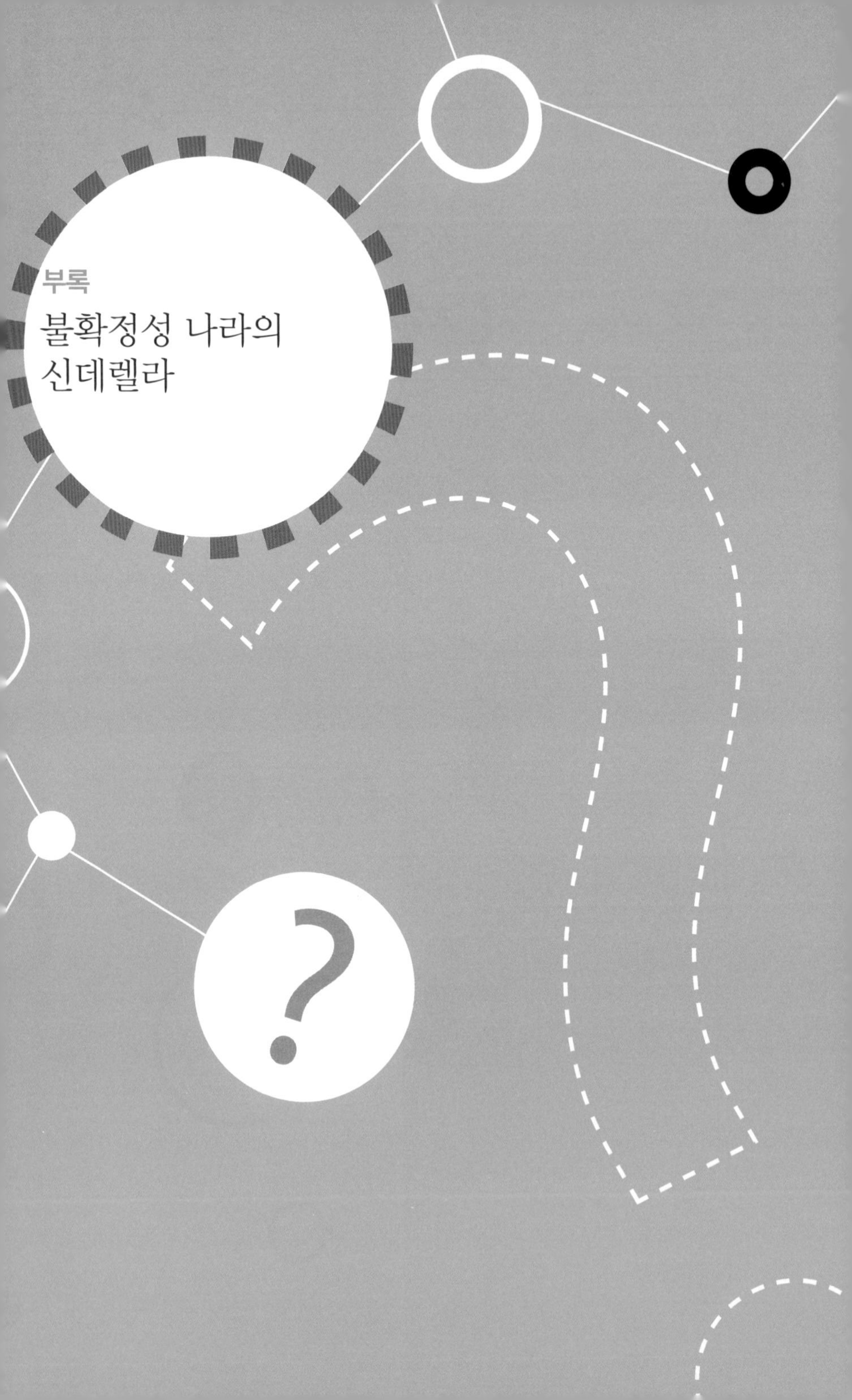
부록
불확정성 나라의
신데렐라

옛날, 불확정성 나라에
한 소녀가 살고 있었습니다.

어느 날 소녀의 어머니가 세상을 떠났습니다. 소녀의 아버지는 새어머니를 맞이했습니다. 새어머니에게는 뉴트와 로니라는 두 딸이 있었습니다. 새어머니와 두 언니들은 성질이 고약하고 괴팍해 항상 소녀를 괴롭혔습니다.

얼마 후 소녀의 아버지마저 돌아가셨습니다. 그때부터 새어머니와 두 언니의 구박은 더욱 심해졌습니다.

"앞으로는 밥도, 빨래도, 청소도 모두 네가 해야 한다."

새어머니는 눈을 치켜뜨고 소녀에게 말했습니다. 소녀는 온종일 청소하느라고 재투성이가 되었습니다. 언니들은 더

러워진 소녀를 재투성이라는 뜻을 가진 '신데렐라'라고 불렀습니다.

하지만 착한 신데렐라는 새어머니도 두 언니도 원망하지 않았습니다. 자신이 지내던 방도 빼앗기고 다락방으로 쫓겨났습니다.

그날 밤 신데렐라는 집안일을 마치고 다락방으로 올라갔습니다. 다락방은 신데렐라가 겨우 누워 잘 수 있을 정도로 좁았습니다. 신데렐라가 불을 켜는 순간 놀라운 일이 벌어졌습니다. 수십 마리의 생쥐들이 방 안을 돌아다니고 있었던 것입니다.

신데렐라는 깜짝 놀랐습니다. 그녀는 생쥐들 중 한 마리에게 말을 걸었습니다.

"이 다락방은 너무 비좁아. 그러니까 한 마리만 여기서 살고 나머지는 다른 곳으로 가렴."

"신데렐라 아가씨, 우리는 여러 마리처럼 보이지만 사실 한 마리예요."

가장 선명하게 보이는 생쥐가 말했습니다.

"말도 안 돼. 수십 마리는 돼 보이는데……."

신데렐라는 생쥐의 말을 믿을 수 없었습니다. 갑자기 생쥐들의 움직임이 느려졌습니다. 그러자 생쥐가 한 마리로 보였습니다. 하지만 방 전체를 메울 정도로 아주 커다란 안개처럼 퍼져 보였습니다.

신데렐라는 깜짝 놀라며 벽으로 피했습니다.

"너는 누구지?"

신데렐라가 물었습니다.

"아까 여러 마리로 보이던 생쥐예요."

"어떻게 이런 일이 가능한 거야?"

"여기는 양자 상수가 아주 큰 불확정성 나라예요. 이 나라

에서는 모든 물체의 위치와 속도를 정확하게 관측할 수 없지요. 그래서 제가 빨리 움직이면 여러 마리처럼 보이고, 천천히 움직이면 한 마리처럼 보이긴 하지만 안개처럼 뿌옇게 퍼져 보이는 거예요."

그날부터 신데렐라와 생쥐는 친구가 되었습니다. 신데렐라는 하루의 고된 일을 마치면 다락방으로 올라가 생쥐와 놀았습니다.

그날도 신데렐라는 하루 일을 마치고 다락방으로 올라갔습니다. 여러 마리의 생쥐들이 방 안을 이리저리 뛰어다니고 있었습니다.

'아무리 그래 봤자 네가 한 마리에 불과하다는 것 다 알아. 장난 한번 쳐 볼까?'

신데렐라는 혼자 속으로 중얼거렸습니다. 그러다가 여러 마리로 보이는 생쥐 중 한 마리를 향해서 방금 청소를 해서 지저분해진 걸레를 던졌습니다. 걸레는 생쥐 중 한 마리에게 명중했습니다.

순간 다시 생쥐의 움직임이 느려지더니 생쥐가 방 전체를 메우는 안개처럼 변했습니다.

“히히, 지금 걸레에 맞은 건 진짜가 아니에요. 아가씨에게 생쥐처럼 보인 것뿐이지요.”

안개처럼 퍼진 생쥐의 희미하게 보이는 부분에 걸레가 떨어져 있었습니다.

다음 날 신데렐라가 다락방에 올라왔을 때 다시 여러 마리로 보이는 생쥐들이 이리저리 움직였습니다. 신데렐라는 황급히 아래층으로 내려가 수십여 개의 걸레를 가지고 올라왔습니다. 그러고는 눈을 감고 걸레들을 아무 방향으로나 던지기 시작했습니다. 얼마 후 생쥐가 ‘찍’ 하는 소리를 냈습니다. 생쥐가 걸레에 맞은 것입니다.

“신데렐라 아가씨, 이제 불확정성 원리를 이해하셨군요. 지금처럼 아무 데로나 걸레를 던지면 맞힐 확률이 높아지지요.”

걸레를 맞아 붉어진 얼굴을 쓸어내리며 생쥐가 말했습니다. 신데렐라는 방 전체를 가득 메운 생쥐의 등에 기대 잠이 들었습니다.

다음 날 아침 생쥐와 노느라 지친 신데렐라는 그만 늦잠을

잤습니다.

"신데렐라, 신데렐라!"

언니들이 부르는 소리에 잠을 깬 신데렐라는 서둘러 아래층으로 내려갔습니다.

"신데렐라, 구두를 닦아 놓으라고 했잖아."

언니들이 신데렐라에게 큰 소리를 쳤습니다.

화가 난 언니들은 밧줄로 신데렐라를 기둥에 꽁꽁 묶어 놓고 외출했습니다.

신데렐라는 꼼짝달싹도 할 수 없었습니다. 순간 신데렐라의 몸에서 빛이 나기 시작하더니 무서운 속도로 흔들렸습니

다. 그러자 신데렐라를 묶은 밧줄이 늘어나다가 이내 소리를 내며 끊어졌습니다.

줄에서 풀려난 신데렐라는 다락방으로 올라갔습니다. 매일 보이던 생쥐가 보이지 않았습니다. 신데렐라는 두리번거리며 생쥐를 찾았습니다. 하지만 생쥐는 어디에도 없었습니다.

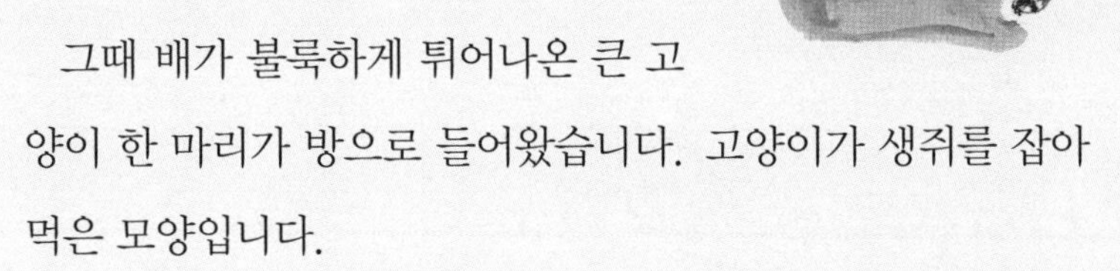

그때 배가 불룩하게 튀어나온 큰 고양이 한 마리가 방으로 들어왔습니다. 고양이가 생쥐를 잡아먹은 모양입니다.

신데렐라는 생쥐의 복수를 하기로 하고 고양이의 목을 쓰다듬었습니다. 겨우 몇 번을 쓰다듬었을 뿐인데 순간 고양이는 그 자리에서 바로 죽어 버렸습니다.

그것은 신데렐라가 목을 쓰다듬을 때 위치 오차가 너무 작아 속도 오차가 커졌기 때문이었습니다. 그러니까 신데렐라가 엄청나게 빠른 속도로 고양이를 때린 셈이 되었던 것입니다.

"함부로 동물을 죽이면 안 되는데……."

신데렐라는 곧 자신의 행동을 후회했습니다. 그리고 죽은 고양이를 양지바른 곳에 묻어 주었습니다.

새어머니와 두 언니의 구박은 갈수록 심해졌습니다. 신데렐라는 친구인 생쥐가 죽고 나서 조그만 다락방에서 외로운 하루하루를 보냈습니다.

"아, 엄마가 보고 싶어."

신데렐라는 어머니의 사진을 끌어안고 눈물 속에서 살아갔습니다.

그러던 어느 날 불확정성 나라의 왕이 무도회를 연다는 소

문이 퍼졌습니다. 불확정성 나라에는 아주 잘생긴 왕자님이 살고 있는데, 무도회를 열어 그곳에 온 아가씨들 사이에서 신붓감을 뽑는다고 했습니다.

불확정성 나라의 많은 아가씨들은 왕자와 결혼하고 싶어 했습니다.

드디어 무도회 날, 신데렐라의 두 언니는 아침부터 온갖 멋을 부렸습니다.

"신데렐라야, 나 예쁘지?"

"네, 정말 아름다워요."

신데렐라는 언니들을 부러운 눈빛으로 바라보았습니다.

"어머니, 저도 가고 싶어요."

신데렐라는 새어머니에게 애원했습니다. 하지만 새어머니는 신데렐라를 무도회에 데리고 가고 싶어 하지 않았습니다.

"안 돼, 너는 옷도 없잖아! 해야 할 일도 많고."

새어머니가 말했습니다.

"저도 가게 해 주세요."

신데렐라는 다시 애원했습니다. 그러나 새어머니와 두 언니는 신데렐라를 다락방에 가두고 무도회장으로 가 버렸습니다. 신데렐라는 꼼짝없이 갇힌 신세가 되었습니다.

혼자 남은 신데렐라는 돌아가신 어머니의 사진을 붙잡고

엉엉 울었습니다. 그때 신데렐라 앞에 요정이 나타났습니다.

"신데렐라, 내가 무도회에 갈 수 있도록 도와줄 테니 울지 말아요."

요정이 말했습니다.

"하지만 이 방을 나갈 수가 없어요."

신데렐라는 계속 울면서 말했습니다.

"몸으로 문을 계속 밀어요. 여기는 불확정성의 나라이기 때문에 여러 번 밀다 보면 문밖으로 빠져나갈 수 있어요."

신데렐라는 요정이 시키는 대로 문을 향해 전속력으로 뛰어갔습니다. 하지만 문은 열리지 않고 신데렐라만 바닥에 쓰러졌습니다.

몇 번 더 문에 부딪쳐 보았으나 여전히 문은 열릴 기미가 보이지 않았습니다.

"이 방법으로는 안 되겠어요."

신데렐라가 포기하면서 요정에게 말했습니다.

"내가 도와줄게요."

요정은 지팡이로 신데렐라의 두 다리에 마술을 걸었습니다.

"다시 한 번 해 봐요, 귀여운 아가씨."

신데렐라는 전에 낼 수 없었던 엄청난 속력으로 문을 향해 달려갔습니다. 그러자 놀라운 일이 벌어졌습니다. 문은 그대

로 있는데 신데렐라가 문을 뚫고 밖으로 빠져나간 것이었습니다.

신데렐라는 자신이 다락방을 빠져나온 것이 믿기지 않는 표정이었습니다. 잠시 후 신데렐라의 얼굴이 다시 어두워졌습니다.

"하지만 입고 갈 옷도 없고 구두도 없어요."

신데렐라는 울먹거리며 말했습니다.

"걱정하지 말아요."

요정이 지팡이를 휘두르자 신데렐라의 누더기 옷이 예쁜 드레스로 변했습니다.

요정은 신데렐라에게 다이아몬드 구두를 주면서 말했습니다.

"12시가 되면 마법이 풀리니, 그 전에 꼭 돌아와야 해요."

신데렐라가 집 밖으로 나서자 황금빛 마차에서 화려한 옷을 입은 마부가 내려 신데렐라에게 인사했습니다.

신데렐라는 마차를 타고 무도회장으로 갔습니다. 무도회장은 왕자의 신부가 되기 위해 몰려온 많은 아가씨들로 몹시 붐볐습니다.

신데렐라는 궁궐 안으로 들어갔습니다. 사람이 많아 먼발치에서 왕자를 볼 수밖에 없었습니다. 호리호리한 몸매에 잘생긴 외모를 가진 두세 명의 왕자가 춤을 추는 모습이 보였습니다.

"쌍둥이 왕자인가?"

신데렐라는 혼자 중얼거렸습니다.

"아니야, 여긴 불확정성의 나라이니까 한 명의 왕자님이 두세 명으로 보이는 게 틀림없어."

문득 신데렐라는 여러 마리로 보였던 한 마리의 생쥐가 떠올랐습니다.

아가씨들은 왕자의 눈에 띄기 위해 서로 앞다투어 그의 곁으로 가려고 했습니다. 신데렐라는 이리 밀리고 저리 밀리다 보니 생각지도 않게 왕자가 있는 곳까지 가게 되었습니다. 신데렐라의 아름다운 모습을 본 왕자는 춤을 멈추고 신데렐라에게 다가왔습니다.

왕자가 가까이 오자 신데렐라는 실망했습니다. 먼발치에서 볼 때와 달리 왕자는 뚱뚱한 모습에 온몸에 털이 많이 나 있었습니다. 다만 그 털이 선명하게 보이지는 않고, 솜털처럼 뿌옇게 왕자의 몸 전체를 뒤덮고 있었습니다.

"아가씨, 저와 춤을 추시겠습니까?"

왕자의 목소리는 아주 부드러웠습니다. 신데렐라는 왕자의 목소리에 반해 그의 손을 잡았습니다. 신데렐라와 왕자는 새의 깃털처럼 가볍게 춤을 추었습니다.

"뎅, 뎅, 뎅."

12시를 알리는 종이 울렸습니다. 신데렐라는 허둥지둥 무도회장을 빠져나왔습니다. 영문을 모르는 왕자도 신데렐라의 뒤를 쫓아갔습니다. 무도회장에서 정문으로 나가는 길에는 일정한 간격으로 늘어선 나무들이 있었습니다. 신데렐라는 나무들 사이로 빠르게 뛰어갔습니다. 순간 왕자의 눈에

나무 사이마다 똑같은 신데렐라의 모습이 보였습니다.

왕자는 그중 한 명의 뒤를 따라갔지만 그것은 진짜 신데렐라가 아니었습니다. 신데렐라는 이미 정문 앞에 기다리고 있던 황금 마차를 타고 떠난 뒤였지요.

왕자는 정문 앞에 무언가가 반짝이고 있는 것을 발견했습니다. 다가가 보니 그것은 아름다운 다이아몬드 구두였습니다. 급하게 마차를 타던 신데렐라가 그만 한 짝을 떨어뜨리고 만 것입니다.

"아, 나의 다이아몬드 구두 아가씨!"

왕자는 다이아몬드 구두를 품에 끌어안고 신데렐라의 모습을 떠올렸습니다. 왕자는 구두를 들고 궁궐 안으로 들어갔습니다. 왕자는 왕 앞으로 나아가 말했습니다.

"이 다이아몬드 구두의 주인을 찾아 결혼하겠습니다."

신하들은 다이아몬드 구두를 들고 주인을 찾아 집집마다 돌아다녔습니다. 마침내 신하들이 신데렐라의 집에까지 찾아왔습니다. 언니들은 서로 신어 보려고 난리였습니다. 그때 나이가 많은 신하가 말했습니다.

"당신들은 신어 볼 필요가 없소. 얼핏 봐도 이 다이아몬드 구두에 당신들의 큰 발이 들어갈 것 같지 않으니까요."

두 언니는 풀이 죽었습니다.

"이 집에 다른 아가씨는 없습니까?"

나이 많은 신하가 소리쳤습니다. 그때 신데렐라는 걸레를 들고 아래층으로 내려오고 있었습니다. 젊은 신하가 말했습니다.

"계단에 아가씨가 한 명 더 있습니다."

나이 많은 신하는 신데렐라의 발을 흘깃 쳐다보았습니다. 신데렐라의 조그만 발은 누가 봐도 다이아몬드 구두에 꼭 맞을 것 같았습니다.

"아가씨, 이리 와서 이 구두를 신어 보세요."

신하가 말했습니다.

"저 애는 우리 집에서 일하는 재투성이 신데렐라예요. 차라리 내가 신어 볼게요."

두 언니 중 한 명이 말했습니다. 하지만 신하는 신데렐라를 데리고 오도록 했습니다. 드디어 신데렐라는 다이아몬드 구두 앞에 섰습니다.

"이 구두를 신어 보세요."

신하가 말했습니다.

순간 신데렐라는 눈을 감고 오른발을 아무 방향으로나 닥치는 대로 넣었습니다.

그 모습을 이상하게 생각한 신하가 물었습니다.

"눈을 뜨고 조심스럽게 발을 넣어 봐요."

"안 돼요. 그러면 구두가 깨질 거예요."

"무슨 소리죠?"

신하가 고개를 갸우뚱하며 물었습니다.

"발을 구두 속에 정확하게 넣으면 위치 오차가 작아지는 대신 속도 오차가 커진답니다. 그럼 아주 빠른 속도로 내 발과 부딪친 구두가 깨질 수 있단 말이에요."

신하들은 신데렐라의 말을 조금은 이해한 것 같았습니다. 그리하여 신데렐라의 이상한 행동을 기다려 주기로 했습니다.

한참 시간이 지난 후 신데렐라의 발이 다이아몬드 구두 속으로 빨려들어 갔습니다.

"이 아가씨가 왕자님이 찾던 분입니다."

젊은 신하가 소리쳤습니다. 그때 요정이 사람들 앞에 나타났습니다.

"신데렐라 아가씨, 축하해요."

요정은 이렇게 말하면서 지팡이를 휘둘러 구두를 신지 않

은 신데렐라의 다른 쪽 발에 다이아몬드 구두를 신겨 주었습니다. 요정이 다시 한 번 지팡이를 휘두르자 신데렐라의 누더기 옷이 아름다운 드레스로 변했습니다.

신하들은 신데렐라를 황금 마차에 태워 궁궐로 데리고 갔습니다. 이미 소문을 들은 왕자는 정문에서 신데렐라를 기다리고 있었습니다. 신데렐라가 궁궐에 도착해 마차에서 내리자 왕자가 말했습니다.

"나의 사랑 신데렐라 아가씨, 저와 결혼해 주시겠습니까?"

신데렐라는 왕자의 청혼을 받아들였습니다.

"사랑하는 신데렐라, 나의 키스를 받아 주세요."

왕자가 신데렐라의 입에 키스를 하려고 하자 신데렐라는 손으로 막았습니다.

"안 돼요, 왕자님. 그런 식으로 키스하면 제가 죽을지도 몰라요."

"무슨 소리죠?"

"왕자님의 입술을 제 입술에 정확하게 맞추려고 하면 위치 오차가 작아져 속도 오차가 커지거든요. 그러니까 속도 오차를 줄이세요."

"어떻게 하면 되죠?"

"눈을 감고 아무 데나 입맞춤을 하세요. 그러다가 운이 좋으면 제 입술에 키스할 수 있을 거예요."

왕자는 눈을 감은 채 허공에 대고 아무 데나 키스를 했습니다. 신하들은 그 모습을 보고 웃었습니다.

과학자 소개

재규격화 이론으로 노벨상을 수상한 파인먼Richard Feynman, 1918~1988

파인먼은 1918년 5월 11일 뉴욕에서 태어났습니다. 1935년 매사추세츠 공과 대학(MIT)에 들어가 수학 분야에서 뛰어난 능력을 보여 주었습니다. 1939년 매사추세츠 공과 대학을 졸업하고 나서 당시의 유대 인에게 불리한 조건을 극복하고 프린스턴 대학원에 들어갔습니다. 그런 뒤 핵물리학의 대가인 휠러(John Wheeler, 1911~2008) 밑에서 연구를 했고 1942년에 〈양자 역학에서 최소 작용의 원리〉라는 제목의 논문으로 박사 학위를 받았습니다.

파인먼은 프린스턴 대학원 시절, 원자 폭탄 개발 작업인 맨해튼 계획에 참여했습니다. 이 작업은 1943년 뉴멕시코 로

스 앨러모스 연구소로 옮겨졌고, 그곳에서 원자 폭탄이 만들어졌습니다. 그 후 1945년부터 코넬 대학에서 조교수로 근무하면서 양자 전기 역학의 재규격화에서 놀라운 업적을 남겼습니다.

파인먼은 일련의 다이어그램(뒷날 '파인먼 다이어그램'으로 불림)을 이용하여 전자가 흡수하거나 방출하는 광자를 추적하는 독특한 접근법을 사용하였습니다. 1951년에는 캘리포니아 공과 대학으로 옮겨 세계적인 이론 물리학자로 왕성하게 활동했습니다.

1965년에는 재규격화 이론 연구의 업적으로 슈윙거(Julian Schwinger, 1918~1994), 도모나가 신이치로(Sinichiro Tomonaga, 1906~1979)와 함께 노벨 물리학상을 받았습니다.

과 학　연 대 표

언제, 무슨 일이?

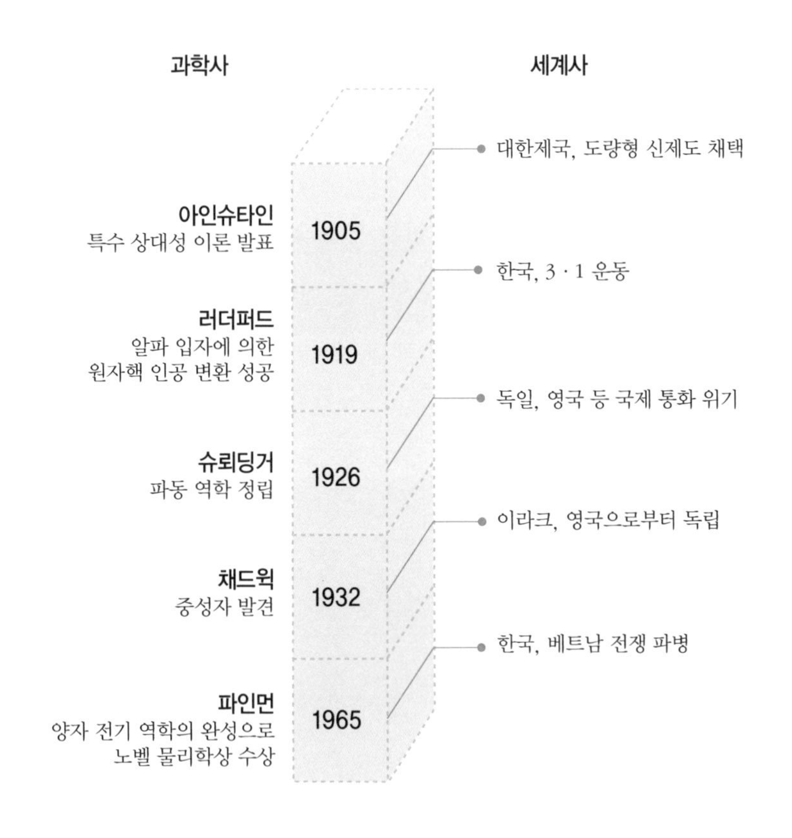
과학사
세계사
대한제국, 도량형 신제도 채택
아인슈타인
특수 상대성 이론 발표
1905
한국, 3 · 1 운동
러더퍼드
알파 입자에 의한
원자핵 인공 변환 성공
1919
독일, 영국 등 국제 통화 위기
슈뢰딩거
파동 역학 정립
1926
이라크, 영국으로부터 독립
채드윅
중성자 발견
1932
한국, 베트남 전쟁 파병
파인먼
양자 전기 역학의 완성으로
노벨 물리학상 수상
1965

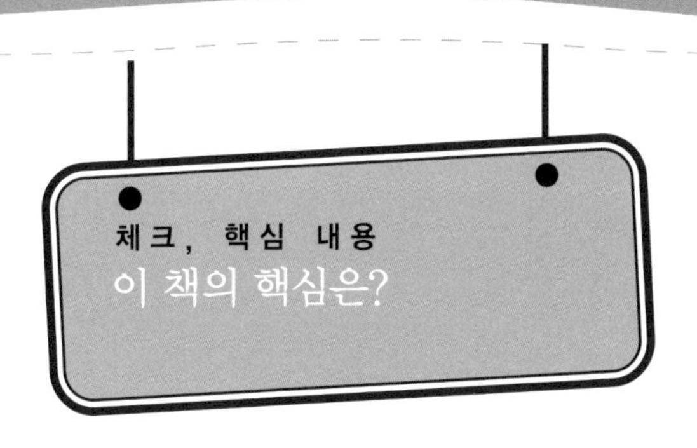

1. 원자 속에는 (-)전기를 띤 □□가 있습니다.
2. 빛은 질량이 없는 아주 작은 알갱이들로 이루어져 있는데, 이 알갱이를 □□ 라고 부릅니다.
3. (+)전기의 양과 (-)전기의 양이 같으면 물질은 □□를 띠지 않습니다.
4. 원자 속에서 가장 안쪽 궤도를 도는 전자는 □을 방출하지 않습니다.
5. 불확정성 원리란 물체의 위치와 □□를 정확하게 측정할 수 없다는 이론입니다.
6. 수소의 원자핵은 (+)전기를 띠는 가장 작은 알갱이로, 이것을 □□□라고 부릅니다.
7. 핵 안의 양성자와 중성자들은 서로를 강하게 잡아당기고 있는데, 이 힘을 □□이라고 부릅니다.

1. 전자 2. 광자 3. 전기 4. 빛 5. 속도 6. 양성자 7. 핵력

이슈, 현대 과학

원자간 양자 원격 이동 최초 성공

2004년 6월 17일, 미국과 오스트리아의 과학자들은 양자의 얽힘 현상을 이용하여 원자 간 양자 원격 이동에 성공했습니다.

양자는 고전 입자와 달리 불연속적인 에너지를 갖는 입자를 말하는데, 이 성공으로 꿈의 컴퓨터라고 불리는 양자 컴퓨터 개발에 한 걸음 더 다가갈 수 있게 되었습니다.

원자 사이에서 양자 상태가 이동하는 양자 원격 이동은 지금까지 레이저 광선들 사이에서는 성공을 거둔 적이 있지만, 물리적으로 서로 다른 지점에 떨어져 있는 두 원자 사이에서는 처음입니다.

양자 원격 이동에 대한 연구 결과는 서로 독립적으로 연구를 진행한 미국 국립표준기술연구소와 오스트리아 인스브루크 대학 연구팀이 거둔 업적으로 세계 최고의 과학 학술 잡지인 〈네이처〉에 실렸습니다.

미국 국립표준기술연구소는 베릴륨 원자를 이용하여 양자 원격 이동에 성공했으며, 오스트리아 인스브루크 대학 연구팀은 칼슘 원자를 이용했습니다.

양자 컴퓨터에서 양자의 원격 이동은 컴퓨터의 0과 1처럼 디지털 값을 가질 뿐 아니라, 두 값을 동시에 가질 수도 있는 양자 비트(quantum bit)를 뜻하는 큐빗(qubit)의 형태로 사용될 수 있습니다.

캘리포니아 공과 대학의 킴블 박사는 원자 간 양자 원격 이동의 성공은 과학 역사에서 위대한 발견으로 대량의 분자들 사이에서 양자 원격 이동이 가능해진다면 초고속 양자 컴퓨터의 개발도 이루어질 수 있으며, 공상 과학 영화에 나오는 것처럼 사람을 한 장소에서 다른 장소로 순식간에 이동시키는 것도 가능해질 거라고 평가했습니다.

양자 컴퓨터는 원자의 회전 방향과 전자의 위치 등을 숫자로 나타낼 수 있도록 한 양자 이론을 응용해 현재의 컴퓨터와 다른 작동 원리를 사용하는 꿈의 컴퓨터로, 미국의 물리학자 파인먼이 1980년대 초에 최초로 그 가능성을 제시했습니다.

찾아보기

어디에 어떤 내용이?